高等学校规划教材·无人机应用技术

无人机结构与动力

矫永康　沈如松　符文星　编著

西北工业大学出版社

西安

【内容简介】 本书分为9个单元,对无人机气动布局、机体结构、航空活塞式发动机工作原理、航空燃气涡轮发动机构造以及发射与回收系统等内容进行了详细介绍,每个单元-采用"任务＋知识点"的形式。本书可帮助无人机系统操控人员全面了解、掌握无人机机体结构特性、气动布局特点、发射与回收方式、动力装置结构原理和工作特性等,为未来操控打下良好的无人机平台知识基础,建构一定的特情分析能力。

本书可作为高等职业技术教育无人机操控相关专业的教材,可供从事无人机相关论证、操控和保障管理的人员阅读、参考。

图书在版编目(CIP)数据

无人机结构与动力 / 矫永康,沈如松,符文星编著.
—西安：西北工业大学出版社,2023.7
ISBN 978-7-5612-8807-8

Ⅰ. ①无… Ⅱ. ①矫… ②沈… ③符… Ⅲ. 无人驾驶飞机-结构 ②无人驾驶飞机-动力 Ⅳ. ①V279

中国国家版本馆 CIP 数据核字(2023)第 120334 号

WURENJI JIEGOU YU DONGLI

无 人 机 结 构 与 动 力

矫永康 沈如松 符文星 编著

责任编辑：付高明 杨丽云	策划编辑：华一瑾
责任校对：朱晓娟	装帧设计：董晓伟

出版发行：西北工业大学出版社
通信地址：西安市友谊西路 127 号　　　邮编：710072
电　　话：(029)88493844,88491757
网　　址：www.nwpup.com
印　刷　者：西安浩轩印务有限公司
开　　本：787 mm×1 092 mm　　　1/16
印　　张：12
字　　数：292 千字
版　　次：2023 年 7 月第 1 版　　　2023 年 7 月第 1 次印刷
书　　号：ISBN 978-7-5612-8807-8
定　　价：48.00 元

如有印装问题请与出版社联系调换

前　言

　　无人机是不携带驾驶员,能够自主控制或遥控有动力飞行的航空器。无人机的结构和动力技术来源于有人驾驶飞机,其基本结构和工作原理和有人机类同。但无人机由于不携带驾驶员,其结构特性、气动布局、发射与回收方式、操纵系统就不必顾及机上驾驶员的舒适感,加之又要考虑自主控制和遥控飞行对这些系统的影响,因此其有许多独有的特点。发动机的结构特点和工作特性也要适应这些特点。本书系统介绍无人机的气动布局、机体结构、动力装置、发射与回收系统等,对不同的部分单独介绍。鉴于本书的目的主要是培养学生操控大型无人机时的特情分析和处置能力,故将重点放在系统结构和工作特性方面。

　　全书共分为9个单元。第1单元是无人机气动布局,包括水平起降、垂直起降和混合式等无人机气动布局;第2单元为无人机机体结构,包括机体载荷,机翼、机身和尾翼的结构形式,防冰除冰系统以及外部照明灯;第3单元介绍了航空活塞发动机的种类和工作原理,分析了不正常燃烧的机理和危害;第4单元介绍了活塞发动机的结构组成,分析了各组成部分的工作过程;第5单元介绍了航空活塞发动机的工作特性,并对发动机典型故障分析方法进行了阐述;第6单元介绍了航空燃气涡轮发动机的种类和工作原理,重点介绍了涡轮喷气发动机结构组成、工作机理;第7单元介绍了无人机的发射与回收方式,分析了各自的优、缺点;第8单元对无人机起落架系统的结构组成和工作过程进行了分析;第9单元介绍了火箭助推发射与伞降回收系统的结构组成及工作过程。

　　本书由矫永康、沈如松、符文星编著。教研室全体同事参与了教材目录的审查。

　　在编写本书的过程中,参考了相关文献资料和兄弟院校有关教材,在此对原作者表示衷心的感谢。

　　由于笔者的水平有限,加之无人机技术发展迅速,书中难免会有不当及疏漏之处,敬请读者批评指正。

编　者

2022 年 4 月

目　　录

第1单元　无人机气动布局 ··· 1

任务1.1　水平起降无人机气动布局 ··· 2

任务1.2　垂直起降无人机气动布局 ··· 10

任务1.3　混合式无人机气动布局 ·· 14

单元小结 ··· 18

单元作业题 ·· 19

第2单元　无人机机体结构 ··· 20

任务2.1　机体载荷 ··· 20

任务2.2　机翼结构 ··· 24

任务2.3　机身结构 ··· 31

任务2.4　尾翼结构 ··· 34

任务2.5　防冰除冰系统 ·· 36

任务2.6　外部照明灯 ··· 41

单元小结 ··· 43

单元作业题 ·· 43

第3单元　航空活塞发动机工作原理 ····································· 44

任务3.1　航空活塞发动机分类 ··· 46

任务3.2　航空活塞发动机工作过程 ·· 49

任务3.3　活塞发动机的不正常燃烧 ·· 53

单元小结 ··· 56

单元作业题 ·· 57

第4单元　航空活塞发动机构造 ··· 58

任务4.1　发动机本体 ··· 58

任务4.2　进排气系统 ··· 66

任务4.3　燃油系统 ··· 70

任务4.4　滑油系统 ··· 84

任务4.5　冷却系统 ··· 87

任务4.6　起动、点火系统 ·· 90

单元小结 ··· 92

单元作业题 ·· 92

第 5 单元　航空活塞发动机工作特性及故障分析 ················· 93
　　任务 5.1　发动机控制 ···················· 93
　　任务 5.2　发动机工作特性 ···················· 97
　　任务 5.3　发动机故障分析 ···················· 105
　　单元小结 ···························· 108
　　单元作业题 ·························· 109

第 6 单元　航空燃气涡轮发动机 ···················· 110
　　任务 6.1　发动机工作原理 ···················· 111
　　任务 6.2　发动机系统构造 ···················· 117
　　单元小结 ···························· 144
　　单元作业题 ·························· 144

第 7 单元　无人机发射与回收方式 ···················· 145
　　任务 7.1　无人机的发射方式 ···················· 145
　　任务 7.2　无人机的回收方式 ···················· 149
　　单元小结 ···························· 152
　　单元作业题 ·························· 152

第 8 单元　无人机起落架系统 ···················· 153
　　任务 8.1　起落架的形式与基本组成 ···················· 153
　　任务 8.2　起落架减震装置 ···················· 157
　　任务 8.3　起落架收放系统 ···················· 161
　　任务 8.4　机轮及刹车系统 ···················· 166
　　任务 8.5　前轮转弯系统 ···················· 170
　　单元小结 ···························· 175
　　单元作业题 ·························· 175

第 9 单元　火箭助推发射与伞降回收系统 ···················· 176
　　任务 9.1　火箭助推发射系统 ···················· 176
　　任务 9.2　伞降回收系统 ···················· 181
　　单元小结 ···························· 184
　　单元作业题 ·························· 185

参考文献 ·························· 186

第1单元 无人机气动布局

大部分无人机的气动布局可以借鉴有人机的设计理念和设计经验，然而，无人机本身又具有一些独有特点——无人机无须考虑机组人员的重量、舒适感、占用空间及其辅助设备，因此，无人机气动布局的设计自由度更大。常见的无人机气动布局如图1-1所示。

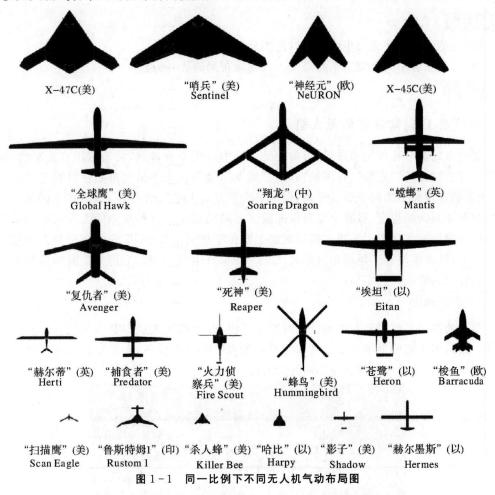

图1-1 同一比例下不同无人机气动布局图

无人机气动布局主要是指无人机的外部形状，包括各部件的形状及相互搭配关系，通常指机翼(旋翼)、机身、安定面和操纵面等部件的形状与布置,是无人机最显著的外部特征。

气动布局与无人机的用途有着直接的关系,不同的气动布局适合于不同的用途。由于无人机的起飞、着陆和巡航飞行方式对无人机气动布局起着决定性的影响,本单元按水平起降、垂直起降和混合式等3种类型来讲解无人机的气动布局。

任务 1.1　水平起降无人机气动布局

▶任务描述

水平起降无人机多为固定翼无人机,其气动布局在所有无人机中提供的飞行速度最快,飞行高度最高,续航时间最长。这种布局最适合中远程、长航时无人机。

现代无人机的气动布局种类众多,经过多年的发展,水平起降无人机气动布局可归纳为常规布局、鸭式布局、无尾布局和三翼面布局等4种基本类型,这些布局都有各自的优、缺点。

▶学习目标

(1)熟悉水平起降无人机气动布局的类型及典型应用;

(2)熟悉掌握不同类型水平起降无人机气动布局的优、缺点。

▶任务学习

知识点 1.1:常规布局无人机

常规布局是一种传统的布局,目前在无人机中应用十分普遍,典型应用有美军的"全球鹰""捕食者""死神""先锋",我国的"彩虹""翼龙",等等。无人机的重心在机翼升力中心前面,由水平安定面上的向下载荷平衡,保证了水平方向上空气动力学速度和姿态的稳定。垂直尾翼保证航向的稳定,机翼上反角保证横滚方向的稳定。这种成熟的无人机布局是其他布局的对照标准。这类无人机之间的区别主要在于尾翼的安装,即安装在机身上还是安装在尾撑上,以及垂尾和平尾的组合形式,如水平-垂直组合、V 形、Y 形等。发动机的种类和安装位置也会影响此类布局。

1.常规布局

当前的高空长航时型和中空长航时型无人机,即远程无人机多数都在机身后部安装了尾翼。这是因为它要携带大量设备和燃料来完成所赋予的任务,需要较长机身提供这样的空间。图1-2所示为采用常规布局的无人机。

图 1-2　采用常规布局的无人机

双尾撑布局在中程无人机和近程无人机中常见。发动机作为推进系统安装在机翼后面,方便任务载荷在机身前部的安装,对发动机和螺旋桨起到了一定的保护作用。发动机和螺旋桨在无人机重心之后并接近重心,减小了无人机在俯仰和偏航方向上的惯性。螺旋桨接近尾翼,螺旋桨滑流提高了气流流过升降舵和方向舵时的操控效能,并且由于惯性小,无人机对俯仰和偏航控制响应敏捷。这些优点使这种布局比较流行。图1-3所示为采用双尾撑的无人机。

图1-3　采用双尾撑的无人机

2.翼身融合布局

在常规布局无人机设计中,典型的旋成体机身接上薄板状机翼,两者之间有明显界限,而翼身融合体,就是不论是从横截面,还是从平面来看,很难分清机身与机翼的交接线,两者之间有圆滑的过渡,已融成一体,如图1-4所示。图1-5所示为翼身融合体无人机。

翼身融合体主要有以下优点:

(1)增大了升力面积,减小了诱导阻力和干扰阻力,显著改善了升阻特性。

(2)机身两侧整流罩部分产生附加升力,机翼中间部分升力增加,使半边机翼的压力中心内移,减小了机翼在大载荷时的弯曲力矩,从而改善了翼身连接结构的受力情况,降低了结构重量。

(3)扁宽的前体,在大迎角飞行中有横向流时,不致像细长的圆柱形机身那样出现气流分离现象,如图1-6所示。

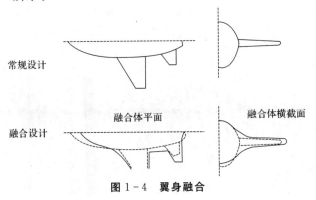

图1-4　翼身融合

图 1-5　翼身融合体无人机

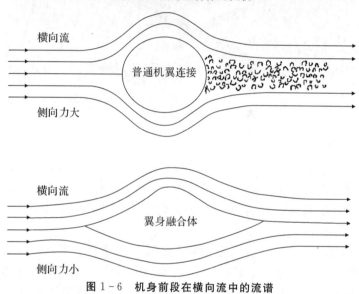

图 1-6　机身前段在横向流中的流谱

知识点 1.2:鸭式布局无人机

　　鸭式布局无人机在机翼前面安装有水平安定翼,或水平稳定器,如图 1-7 所示。无人机的重心位于机翼之前,依靠前舵面产生向上的升力来保持平衡,实现无人机水平方向气动稳定。鸭式布局无人机的推进系统大多采用后置的涡轮喷气式或螺旋桨式发动机。

图 1-7　鸭式布局无人机

1.鸭式布局的优点

(1)可得到正的配平升力。常规布局无人机(称为挑式无人机,即机翼升力不仅要平衡无人机重量,还要克服平尾的负升力)为了俯仰平衡,水平尾翼需要产生负升力,从而削弱了无人机总升力。鸭式布局无人机(称为抬式无人机,即前翼与主翼共同平衡无人机重量)正好相反,前翼提供正的配平升力,增大了无人机总升力,如图 1-8 所示。由于前翼承受了一部分载荷,减小了机翼承受的载荷,因此机翼面积可减小,结构重量可减轻。

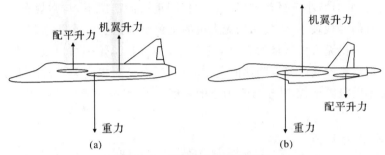

图 1-8　鸭翼产生正配平升力

(a)鸭式布局飞机;(b)常规布局飞机

(2)延缓气流分离,提高中、大迎角升力。在中、大迎角时,鸭翼和机翼前缘同时产生脱体涡,两者相互干扰,使涡系更稳定而产生很高的涡升力,主翼(基本翼后掠角也大)也产生脱体涡,两个脱体涡产生强有力干扰,属于脱体涡流型;而近距鸭式布局则进一步利用鸭翼和机翼前缘分离漩涡的有利相互干扰作用,使漩涡系更加稳定,推迟漩涡的分裂,这样就提高了大迎角时的升力,如图 1-9 所示。为了充分利用漩涡的作用,近距鸭式布局一般采用大后掠角、小展弦比的鸭翼和机翼,因为这种升力面的特点是在较小的迎角时就产生前缘涡系(脱体涡流型),而且它的漩涡强度大,比较稳定。而中等或小后掠角、中等展弦比机翼在迎角增大时气流分离并不形成漩涡,或者产生弱的或不稳定的漩涡。

近距鸭式布局在气动上的最大优点就是它能与机翼产生有利干扰,推迟机翼的气流分离,大幅度提高无人机大迎角的升力并减小阻力,对提高无人机的机动性有很大好处。

(3)配平阻力较小。鸭式布局在减小阻力上的好处来自两方面:①由于增加了涡升力,在机翼上产生相同升力的条件下,诱导阻力随之减小;②由于平衡时前翼提供正升力,增加了总升力,无人机在达到平衡时阻力随之减小。当然,与无尾无人机相比,前翼会增加零升阻力。

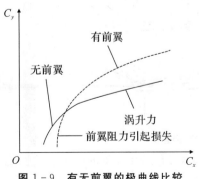

图 1-9　有无前翼的极曲线比较

（4）抗螺旋能力强。由于前翼处于机翼的上洗流流场中，大迎角飞行时前翼迎角较大，如果前翼作为操纵面，偏转后提供配平升力，那么前翼的迎角比机翼的迎角大更多，所以，鸭式布局无人机总是前翼比机翼先发生气流分离，前翼升力减小，机头"下俯"，这就减小了机翼迎角，防止无人机失速，减小了无人机进入螺旋的风险。

（5）利于提高无人机的机动性。鸭式布局无人机的俯仰操纵除了依靠鸭翼外，还可用后缘襟翼做辅助操纵，因此鸭翼的面积可以较小，再加上鸭式布局无人机一般采用大后掠角、小展弦比机翼，这些对减小重量都有好处。在相同重量的情况下，与常规布局无人机相比，鸭式布局无人机的翼载较小（常规布局无人机的机翼要承担全机重量的102％，而鸭式布局无人机的机翼只承担无人机重量的80％，其余由鸭翼承担），不但可以改善鸭式布局无人机因不能充分使用后缘襟翼而使着陆性能变差的缺点，而且对提高无人机的机动性也很有好处。前翼由于不受机翼干扰，从空气动力学的角度来说，其操纵效能比位于机翼后的水平尾翼高。

2.鸭式布局的缺点

任何布局形式都会有它自己的缺点，鸭式布局也不例外。

（1）俯仰操纵性差，附加阻力大。近距耦合鸭式布局以前翼作为操纵面，虽然可以得到正的配平升力，但力臂短，操纵力矩小；操纵前翼的偏转角和无人机迎角增量方向相同，使前翼的实际迎角较大，如图1-10所示。迎角过大，会引起前翼首先失速，配平升力下降，削弱俯仰操纵。前翼经常处于大迎角状态，对应的配平阻力也较大。此外，由于无人机的重心越靠后，机翼的杠杆作用就越不明显，为了延长机翼力臂，多数鸭翼布局无人机采用后掠式机翼，翼尖安装有垂翼。

（2）大迎角削弱方向稳定性。鸭式布局无人机在侧滑中，前翼的尾涡有可能打在垂直尾翼上，使垂直尾翼侧滑的一面压力降低，引起扩大侧滑角的方向力矩，削弱方向稳定性，如图1-11所示，但也有可能利用前缘涡的有利干扰，减弱这个缺点。

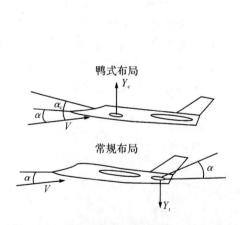

图1-10　前翼的实际迎角大

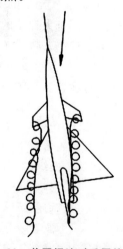

图1-11　前翼涡流对垂尾的影响

（3）起飞着陆性能受限。鸭式布局无人机的起飞着陆性能受鸭翼配平能力的限制，不能使用后缘襟翼，或者只能使用很小的偏度。为解决这一问题，有时要在鸭翼上采用前、后缘襟翼,甚至采用吹气襟翼,使结构复杂化,重量增加。

(4)横向操纵效率低。常规布局无人机使用差动平尾加副翼操纵可以得到很高的操纵效率。而鸭式布局无人机一般采用大后掠角、小展弦比的鸭翼,差动时的横向操纵效率不高,而且机翼后缘的后缘襟副翼往往还要当作俯仰操纵面使用,着陆时还可能要作增升襟翼。这些都限制了后缘襟副翼的横向操纵能力,因此鸭式布局无人机的横向操纵能力比常规布局无人机的要差。

知识点 1.3:无尾布局无人机

无平尾和无垂尾以及飞翼布局可以统称为无尾布局,如图 1-12 所示,典型应用有美国的 X-47B、"扫描鹰",欧盟的"神经元",等等。其机翼为后掠式的,翼尖的迎角比内侧翼面的迎角要小得多,这确保当机头抬升时,机翼升力中心向后移,使无人机返回原飞行姿态。这些无人机与鸭式布局无人机类似,后掠式机翼增加了方向稳定性,但机翼在俯仰轴和偏航轴上的效率降低。

在有垂尾的常规无人机上,垂尾的作用是提供偏航与滚转的稳定性,尤其是偏航稳定性,此外垂尾的方向舵还参与无人机的偏航控制。取消垂尾后,无人机将变为航向静不稳定,同时丧失偏航控制能力。采用放宽静稳定性技术后,无垂尾无人机可以是航向静不稳定的,但不能是不可控的。针对这一问题,可采用以下措施来改进:①在无人机上设计新的操纵面,如机翼后缘操纵面、机翼上部扰流板等;②通过机载计算机和电(光)传操纵系统对所有操纵面进行瞬态联动来模拟平尾和垂尾的作用;③利用发动机可转动喷口的转向推力对无人机进行推力矢量控制。

图 1-12　无尾布局无人机

1.无尾布局的优点

(1)无人机重量显著减小。常规布局的无人机都有水平尾翼和垂直尾翼,它们是保证无人机稳定飞行和方向操纵的部件,但也是无人机沉重的累赘。由于尾段离无人机重心远,它们对全机结构重量的影响很大,尾部重量减小 1 kg,相当于其他部件重量减小 2 kg。首先,如果能够去掉平尾和垂尾,那么无人机的重量就可以减小很多。其次,因为取消尾部使全机重量更趋合理地沿机翼翼展分布,从而可以减小机翼弯曲载荷,使机身的承力特性得到改善,使结构重量进一步减轻。最后,尾翼的取消同时减少了操纵面、作动器和液压系统,从而也改善了维修性和具有了更低的全寿命周期成本。

(2)阻力减小,隐身性能好。尾翼的取消可以明显减小无人机的气动阻力,同常规布局相比，其型阻可减小 60% 以上；取消尾翼将使无人机的目标特征尺寸大为减小，隐身性能得到极大提高。

（3）机动飞行性能中的稳态盘旋性能和加减速性能最好。

2.无尾布局的缺点

（1）操纵效率不高。由于无尾布局无人机没有鸭翼和尾翼，如果无人机的纵向操纵和配平仅仅靠机翼后缘的升降舵来实现，那么由于力臂较短，操纵效率不高。

（2）升力分布不理想。飞翼布局无人机会在翼尖段产生负升力，升力分布不理想。较大的翼展载荷使诱导阻力增大。

（3）起落性能不佳。无尾无人机在起降时不能利用襟翼增升，且为配平，升降舵向上偏转，降低起飞着陆时的机翼升力。如果采用扰流板，就可以在一定程度上改善降落性能。

总之，以常规观点而言，无尾布局不能算是一种理想的选择，但随着现代无人机隐身性能和巡航能力的要求越来越高，无人机的无尾布局形式越来越受到重视。

知识点 1.4：三翼面布局无人机

三翼面布局由前翼（鸭翼）、机翼和水平尾翼构成，可以综合常规布局和鸭式布局的优点，经过仔细设计，有可能得到更好的气动特性，特别是操纵和配平特性，如图 1-13 所示。

1.三翼面布局的优点

（1）易实现直接力控制。三翼面布局除了保持鸭式布局利用漩涡空气动力带来的优点外，有一个重要的潜在优点，那就是它比较容易实现主动控制技术中的直接力控制，从而达到对无人机飞行轨迹的精确控制。例如，当对鸭翼、机翼后缘和平尾同时进行操纵时，就能实现纵向直接力控制，进行纵向直接升力、俯仰指向和垂直平移控制，极大地提高无人机的机动能力。

图 1-13 三翼面布局无人机

（2）气动载荷分配合理。三翼面布局无人机在气动载荷分配上也更加合理，如图 1-14 所示。当法向过载为 n_y 时，从三翼面和二翼面（常规和鸭式）布局无人机的升力载荷的比较可以看出，在进行同样过载的机动时，三翼面布局无人机的机翼载荷较小，全机载荷分配更为均匀合理，因而可以降低无人机对结构强度的要求，减小无人机结构重量，提高无人机的飞行性能。

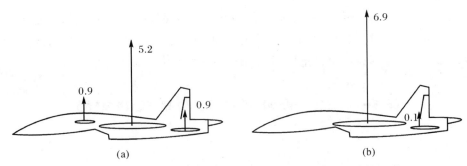

图 1-14　三翼面和二翼面布局无人机载荷分配的比较

(a)三翼面布局无人机($n_y=7$)；(b)二翼面布局无人机($n_y=7$)

　　(3)升力特性好。如图 1-15 所示,三翼面布局与二翼面布局相比,不但升力系数曲线斜率增大,失速迎角增大,更主要的是大迎角时的升力有明显的增大,这表明鸭式布局控制机翼气流分离的作用在三翼面布局上依然存在。

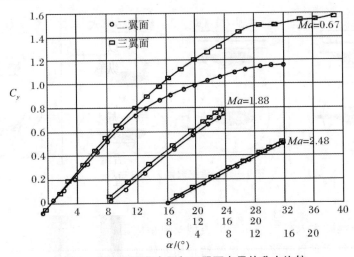

图 1-15　三翼面布局与二翼面布局的升力比较

　　(4)提高大迎角时机动性和操纵性。三翼面布局无人机由于增加了一个前翼操纵自由度,它与机翼的前、后缘襟翼以及水平尾翼结合在一起进行直接控制,可以减小配平阻力,还可以提高大迎角时操纵面的操纵效率,保证无人机大迎角时有足够的下俯恢复力矩,改善无人机大迎角气动特性,提高最大升力,提高大迎角时的机动性和操纵性。

2.三翼面布局的缺点

　　(1)大迎角气动力的非线性。三翼面布局的优点主要来自漩涡的有利干扰,但在迎角增大到一定程度时,漩涡会发生破裂,导致无人机稳定性和操纵性的突然变化,以及气动力非线性的产生。

　　(2)超声速飞行时阻力大。由于增加了一个升力面,三翼面布局无人机在小迎角时的阻力比二翼面的要大,超声速状态增加得更多。因此,对于强调超声速性能的无人机,三翼面布局是否是一种很好的选择需要综合衡量。

(3)全机重量增大。虽然三翼面布局无人机的气动载荷在几个翼面上的分配更为合理，对减小结构重量有好处，但由于增加了一个升力面（同时也是操纵面）和相应的操纵系统，所以三翼面布局最终能否减小全机重量，需要通过具体的无人机设计才能确定。

任务 1.2　垂直起降无人机气动布局

▶**任务描述**

在没有跑道可供使用或舰载的情况下，采用垂直起降无人机更有利，为了获得垂直起降能力需在无人机上增加设备，其复杂性要比固定翼无人机大。同时，垂直起降无人机对阵风响应的低敏感性及其灵活的悬停飞行方式，使其作战运用的灵活优势更加明显。

根据旋翼转矩平衡手段的不同，垂直起降无人机气动布局有很多不同的类型，如图 1-16 所示。

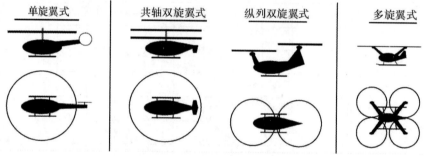

图 1-16　垂直起降无人机布局

▶**学习目标**

(1)熟悉垂直起降无人机气动布局的类型及典型应用；
(2)熟悉不同类型垂直起降无人机气动布局的优、缺点。

▶**任务学习**

知识点 1.5：单旋翼带尾桨式无人机

单旋翼带尾桨式无人直升机即其旋翼系统为一副旋翼和一副尾桨。旋翼提供垂直飞行、前飞、后飞、侧飞等各个方向的力，尾桨则平衡反扭矩，并提供航向机动所需要的力。有些此种布局的无人直升机还装有尾翼，以改善无人机的操稳性能，如图 1-17 所示。

该布局是无人直升机最常见的布局，目前最典型的应用是美军的"火力侦察兵"及奥地利的 S-100。其优点是结构简单，主要组成为一副旋翼，一副尾桨，发动机，主、尾减速器，传动装置，自动倾斜器，等等。与其他形式的直升机相比，其气动、平衡、操纵稳定性、振动等问题较易解决，设计、制造和试验较易实现，性能和成本均可接受，是目前发展最完善的形式。现今世界上生产的直升机，90%以上均为这种形式，多数垂直起降无人机采用这种布局。

单旋翼带尾桨式无人直升机的不足之处是：需要一副尾桨来平衡旋翼的反扭矩，增加了全机的功率消耗和重量,一般尾桨在起飞、悬停状态下的功耗占总功耗的 7%～12%;尾桨高速旋转并处于旋翼的下洗流干扰下,受载复杂,造成噪声和结构件的疲劳;无人机在所有面上都是极不对称的,增加了控制的耦合性和飞行控制系统算法的复杂性;无人机在地面工作或飞行中遇到障碍以及尾桨失效时,还会导致无人机本身的安全问题。为了解决这些问题,可以采用涵道尾桨,增加垂直尾翼,也可以采用无尾桨式单旋翼机等许多工程措施。

图 1-17　单主旋翼带尾桨无人机

知识点 1.6:共轴双旋翼式无人机

共轴双旋翼式无人直升机旋翼上下共轴、反向旋转,不需要尾桨便可平衡反扭矩,并通过旋翼的倾斜和转速的调整,来实现保持或改变无人机飞行状态,如图 1-18 所示。我国的"海鸥"无人机采用的就是共轴双旋翼。

图 1-18　共轴双旋翼式无人机

与单旋翼带尾桨式无人直升机相比,共轴双旋翼式无人机具有下述特点。

(1)由于取消了尾桨及其传动装置,在相同总重量下,旋翼直径只有单旋翼机的 70%～80%。其主要机身部件紧凑地安排在全机重心附近,减小了机身尺寸,降低了纵向和横向惯性矩。

(2)悬停效率高,与单旋翼式相比,要高出 17%～30%,这是因为在悬停时,旋翼间的相互干扰产生了有利影响。具体来说就是,当悬停时,上旋翼尾迹的收缩由于下旋翼的引流得以扩张,从而增强了尾流的有效区,并可同时消除尾梁的涡流损失。

（3）共轴式无人直升机具有近乎完美的空气动力对称性，具有较高的操纵效率。每个旋翼使用相同的动力单元、传动装置和控制子系统，自动飞行控制律并不比典型垂直起降无人机的复杂。

（4）在所有类型的无人直升机中，此种布局的无人机由于其对称性，气流干扰的影响最小，在多数飞行模式下，几乎不受气流干扰的影响。但在具体设计中，如"小精灵"无人机，为了隐身的需要，需要减小旋翼产生的噪声，选择的旋翼翼尖速度会比正常值要小，桨叶载荷减小至 180 kg/m^2，造成垂直阵风影响略为增加。

共轴式无人直升机的主要不足有：前飞时产生诱导损失，此损失的大小与两旋翼的距离有关，距离越大，诱导损失越小。为了减小诱导损失和两旋翼之间的碰撞，两旋翼距离一般较大，对铰接式而言，目前一般为 $H/R=0.2$（H 为两旋翼距离，R 为旋翼半径）；无铰式旋翼的这个距离可能要小些，但加大两旋翼间的距离会增加直升机的高度和重量。

知识点 1.7：纵列双旋翼式无人机

无人直升机旋翼有一个很强的比例效应，无人机重量越大，旋翼尺寸越大，旋翼重量升力比迅速增大。对于起飞总重量大于一定量的无人机，安装两个小的旋翼比安装一个大的旋翼效率高。

纵列双旋翼式的旋翼系统为两副前后纵列布置、转向相反的旋翼，反扭矩互相平衡，也是通过旋翼的倾斜、转速的调整来产生各个运动方向的力，实现无人直升机的各种飞行运动，如图 1-19 所示。

图 1-19 纵列双旋翼式无人机

与单旋翼机相比，纵列双旋翼式无人机的特点如下。

（1）重量方面。在总重量相同时，纵列无人式直升机两个主减速器重量之和小于单旋翼无人直升机一个主减速器的重量，两副旋翼的重量小于单旋翼无人直升机一副旋翼的重量。纵列式无人直升机为了支持后旋翼要附加后旋翼柱，要有协调轴及中间减速器。另外，纵列双旋翼式无人直升机的操纵系统比单旋翼式复杂很多，因此，这一部分的重量也要大些。综合上述因素，在重量方面：对于重型无人直升机，主减速器及旋翼所占比例较大，采用纵列式可减小这些部件的重量，从而降低全机重量；对于轻型无人直升机，旋翼及主减速器的相对重量并不大,采用纵列双旋翼式虽然可使这些部件的重量有所降低,而操纵系统重量的增加会起一些抵消作用,因而效果并不显著。

(2)功率消耗方面。悬停时纵列式比单旋翼式略低一些。在经济速度向前飞行时,纵列双旋翼式的无人直升机后旋翼受前旋翼干扰最大,附加诱导功率损失最大,而单旋翼式的尾桨功率损失却最小,因而纵列双旋翼式的需用功率明显地比单旋翼式的大。随着飞行速度进一步增大,两者的差别逐渐缩小。在大速度飞行时,纵列双旋翼式的附加诱导功率损失较小,而单旋翼式的尾桨损失却有所增大,两种形式的直升机需用功率趋于一致。

因此,纵列双旋翼式直升机最经济状态的飞行性能明显不如单旋翼式,为保证一定的使用升限,纵列双旋翼式直升机必须安装功率更大的发动机;为保证一定的续航时间,纵列双旋翼式直升机需装载更多的燃油;纵列双旋翼式直升机的航程也要比单旋翼式的小些。

(3)容许重心变化范围方面。纵列双旋翼式直升机容许重心变化范围大。双旋翼前后纵列布置,构成了类似"双支点承力梁"形式,大大拓展了重心变化范围。这个优点对重型直升机意义重大。

即使此种布局相对单主旋翼对称性好,在控制方面更有利,但并不适合动力利用率要求更高的情形。纵列双旋翼式直升机的操纵性、稳定性及振动问题要比单旋翼复杂,轻型直升机采用纵列式可能得不偿失,因而这种布局一般只在设计吨位较大的直升机时采用。同时,起飞总重量小的无人机,装载的任务载荷体积小,不需要长的机体,这样旋翼就需要安装在伸出的支架上,结构效率低。因此这种布局并不适合在无人机上应用,目前基本没有纵列双旋翼式布局的无人机。

知识点 1.8:横列双旋翼式无人机

横列双旋翼式的旋翼系统为两副横向并排布置、反向旋转的旋翼,反扭矩互相平衡,通过倾转旋翼,调节旋翼转速,来实现直升机各方向的运动,如图 1-20 所示。

图 1-20　横列双旋翼式无人机

从飞行性能方面来看,纵列双旋翼式和横列双旋翼式没有本质区别,在悬停状态,横列双旋翼式机身和机翼的阻力损失可能较纵列式大些,垂直飞行性能差些。在前飞状态,横列式两旋翼的相互诱导影响对旋翼前行桨叶通过旋翼之间方位时,诱导阻力最小。因此,横列式爬升率比单旋翼机爬升率要大。

从重量角度分析,由于横列双旋翼式无人直升机支撑左、右两副旋翼的机翼或构架的刚度和重量将随旋翼离机身的外伸距离而迅速增大,所以,横列双旋翼式无人直升机的重量效率不如单旋翼式的高。因此,无人机很少采用这种布局。但随着倾转旋翼机的发展,横列双旋翼这种形式又引起人们的关注和重视。

知识点 1.9:多旋翼式无人机

多旋翼式无人机通常指四旋翼及多于四旋翼的无人机。前面所讨论的所有类型布局是利用旋翼方向控制系统,周期性或协同性地改变旋桨叶的倾斜来控制无人机。设计多旋翼无人机的目的在于简化这种复杂性,去掉机械传动系统。其具体思想是将所有旋桨的倾斜角固定,通过改变每个旋翼的旋转速度来改变推力大小,如图 1-21 所示。每个旋翼由安装在其上的电动机单独驱动。例如无人机前移,后两个旋翼的转速增加,使无人机低头,推力矢量指向前方,与此同时总的推力必须增加,以防掉高。一旦进入前向飞行,旋翼转速必须再次进行协同。

图 1-21 多旋翼式无人机

考虑旋翼间的空气动力之间的干扰模式变化,要获得这样的控制效果,其控制律是非常复杂的。每个旋翼的速度变化都会有时间延迟,这对于小型无人机,由于其惯性小,问题不是很严重。

这种布局比其他布局,对阵风的干扰敏感,其控制响应比较迟缓,即使在实验室静风条件下,控制也是比较困难的,更不用说在城市上空扰流复杂情况下飞行控制了。

任何一个单独的旋翼动力系统出现故障,后果都会很严重,一旦出现,就会导致无人机立即失控坠地。

任务 1.3　混合式无人机气动布局

▶ 任务描述

对于旋停飞行,无人直升机是重于空气飞行器中效率最高的。由于后倾桨叶的失速问题,限制了其巡航速度在 200 kn(370 km/h,1 kn=1.85 km/h)以下。为了完成远程任务,无人机必须以较快的巡航速度飞行,以获得满意的对目标或者指定区域监视的反应时间。

无人机垂直起飞和降落是一大优点,因此希望能够综合垂直起降和水平起降无人机二者的优点。多年来,人们在无人机上进行不断尝试,采用的混合式气动布局形式如图 1-22 所示。

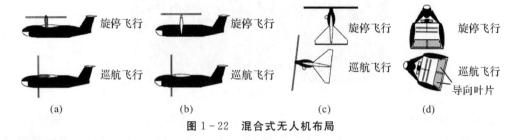

图 1-22　混合式无人机布局

▶学习目标

(1)熟悉混合式无人机气动布局的类型及典型应用;

(2)熟悉不同类型混合式无人机气动布局的优、缺点。

▶任务学习

知识点 1.10:倾转旋翼式无人机

倾转旋翼式的两副旋翼系统横向并列布置在机翼上,两副旋翼反向旋转,反扭矩互相平衡。在垂直飞行时旋翼是水平的,但在巡航飞行时,向前倾斜 90°,作为推进器使用,如图 1-23 所示,典型应用有泰克斯通-贝尔公司的"海鹰"倾转旋翼无人机。严格来讲,倾转旋翼机是介于无人直升机与固定翼无人机之间的航空飞行器。在垂直起飞和垂直着陆阶段,采用直升机模式,即两副旋翼轴朝上,依靠旋翼提供升力,进行垂直起飞或垂直着陆。前飞时,采用固定翼无人机模式,即两副旋翼轴逐渐向前倾转,直至旋翼轴呈水平状态,旋翼产生水平拉力,而由机翼提供克服无人机重力的垂直方向的力,变直升机为固定翼螺旋桨式无人机飞行。

图 1-23　倾转旋翼式无人机

此外,还可以将机翼、发动机和旋翼组装为一体,安装在机身上部,称为倾转机翼式无人机,如图 1-24 所示。

图 1-24　倾转机翼式无人机

显然,这种构型综合了直升机与固定翼无人机各自的优点,可大大提高前飞速度。这不仅解决了失速和阻力发散问题,而且在前飞状态时,较直升机状态功率消耗大幅度降低,同时需用起降场地小,具有独特的优势。与同等级直升机和涡轮螺旋桨固定翼无人机相比,倾转旋翼机飞行包线的飞行速度范围得到拓展。

无论是倾转旋翼还是倾转机翼,都要求发动机在至少倾斜 90°的范围内能够正常工作,这增加了燃油系统的复杂性。

知识点 1.11:倾转机身无人机

对于有人机,为了机组人员和乘客,应保持机身的水平。但无人机没有这样的要求,因此理论上可以倾转整个无人机,如图 1-25 所示。这类无人机不存在死重,垂直起降和水平高速飞行都采用同一套动力装置,既能垂直起降,又能像固定翼一样高效平飞,使得其具有较好的综合性能。

图 1-25　倾转机身无人机

所有可转换式旋翼无人机中,关键部分是全旋停飞行状态与全巡航飞行状态之间的转换,它决定了无人机的气动设计。其主要问题在于如何保持机翼的附着气流,以便能够对无人机的姿态进行有效控制,尤其是对俯仰角控制。

保持气流附着是比较困难的问题,尤其从巡航飞行转换到旋停(向下转换)和着陆。在"向上转换"时,在旋翼推动下向上爬升,无人机加速。这种条件下,滑流中的高速气流将会减少,同时机翼的大迎角也减小,这就减少了机翼失速的可能性。即使是这样,为了避免失速,一定要附加增升装置,如在机翼上采用克鲁格前缘襟翼和(或)后缘襟翼。

"向下转换"中,速度的减小将会使机翼迎角增大,在这个飞行过程中,由于旋翼推力减小,无人机速度降低,高速滑流不能抑制机翼迎角的增大,使情况变得更恶劣。这样就需要旋翼具有更大的桨盘载荷以提高滑流速度,增大机翼面积以减小翼载荷和翼的气动迎角。旋翼桨盘载荷与机翼载荷之比称为升力载荷比,为了飞行转换安全,要求该值较大。但是,随之要求发动机功率和机翼面积更大,这将增加无人机的重量和成本,降低巡航和旋停两种飞行模式的效率。合理设计机翼,使其具有合适的翼型剖面、小展弦比、合适的气流附属装置等是一种有效的解决方案。

知识点 1.12:涵道风扇式无人机

由无人机的名字可知,其推进器包围在涵道内。推进器称之"风扇",是指它有半径约束,具有高"充实度",即桨叶面积与桨盘面积之比。该风扇是由两个逆向旋转单元构成,以实现机体在不期望转矩作用下转动最小。它不能对桨叶总倾斜或周期性倾斜进行控制,可通过风扇转速的变化改变推力,通过滑流中可倾斜的舵面进行机体姿态角的控制,如图1-26所示。

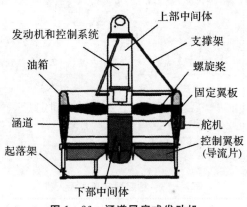

图 1-26　涵道风扇式发动机

这种布局的无人机具有垂直起飞和着陆能力,同时能够像固定翼无人机一样水平和俯仰飞行,如图1-27所示。

这样的布局主要的问题在于机体的姿态控制,对于控制系统而言,需要解决两个坐标系切换欧拉角奇异的问题,这一点比四旋翼和混合四旋翼固定翼无人机复杂。这种方案的垂直降落模式,也存在些难点,比如在降落的时候,由于舵面效率几乎为零或者出现反效,而且还有涡流环等不确定干扰,其控制非常困难,容易坠毁。

这种无人机通常采用推力矢量与舵面综合控制方式,提高了安全裕度,即使在舵面效率为零的时候,飞行器也不会失控,能保证飞行器的良好操控能力。对矢量控制系统结构和总体进行了综合设计,使得运动机构重量较小,保证高的任务载荷比。推力矢量控制可以让飞行器更从容地面对突风,可以实现快速原地转向、快速倾转、筋斗等机动动作。

图 1-27　涵道风扇式无人机

知识点 1.13：垂直起降固定翼式无人机

为了简化设计，便于控制，目前出现了很多利用旋翼垂直起降，利用螺旋桨巡航飞行的组合式无人机，也称为垂起固定翼式无人机，也叫复合翼无人机，如图 1-28 所示。

图 1-28　垂起固定翼式无人机

与多旋翼无人机相比，垂直起降固定翼式无人机在巡航飞行时，升力由机翼提供，而非全部都由旋翼提供，解决了垂直起降和航程载荷能力问题。但这类无人机存在的主要问题是：无人机完成垂直起飞转成水平飞行后，垂直起飞所用的旋翼和发动机就变成死重丢不掉，并且还带来了更大的迎风面积和阻力。

单 元 小 结

本单元运用上述飞行原理知识，分析了常规布局、鸭式布局、无尾布局及三翼面布局等 4 种类型水平起降无人机，单旋翼带尾桨、共轴双旋翼、纵列双旋翼、横列双旋翼和多旋翼等 5 种类型垂直起降无人机，以及倾转旋翼、倾转机身、涵道风扇及垂起固定翼等 4 种类型混合式无人机的优、缺点，并介绍了各类气动布局无人机的典型应用。

单元作业题

1. 翼身融合体布局无人机有哪些优点？
2. 分析无尾布局无人机的特点。它有哪些典型应用？
3. 分析单旋翼带尾桨无人直升机的特点。它有哪些典型应用？
4. 分析复合翼无人机的工作过程及结构优、缺点。
5. 设想更多的无人机气动布局。哪些适合舰载使用？

第2单元　无人机机体结构

固定翼无人机的机体由机身、机翼、安定面、飞行操纵面等组成。无人直升机的机体由机身、旋翼及其相关的减速器、尾桨(单旋翼直升机)等组成,有些直升机还安装有安定面和飞行操纵面。机体是构成无人机外形的基本部分,无人机上的动力装置、燃油、机载飞控系统、传感器、机载测控链路、任务载荷、电气系统等都装在它的内部。机体将这些部件组装在一起并形成良好的气动外形。机体各部件由多种材料组成,通过铆钉、螺栓、螺钉、焊接或胶接等形式连接起来。飞行中,机体除了直接承受空气动力和自身重力外,还要承受固定于其上的各种部件传来的载荷,它是无人机的基本受力结构。

任务2.1　机体载荷

▶任务描述

在无人机飞行过程中,机体要承受很大的载荷。在使用过程中,由于各种载荷的作用以及自然条件的影响,机体结构的强度和刚度会逐渐降低,以致出现变形、裂纹等故障。需要了解无人机载荷分布和机体的构造,这样才有利于在使用维护过程中正确地预防和及时地发现故障,防止事故的发生。

▶学习目标

(1)熟悉载荷的概念;

(2)了解机体载荷类型及分布。

▶任务学习

知识点2.1:载荷及相关概念

任何结构或结构中的任何构件,在工作中都会受到其他物体对它的作用力,这种作用力就是载荷。

(1)按照作用方式,构件所承受的载荷分为集中载荷和分布载荷。例如:无人机降落时,起落架会受到地面的冲击力,这一冲击力作用在无人机上就是集中载荷;而无人机在空中所受到的空气动力载荷就是分布载荷,无人机所受重力也是一种分布载荷。图2-1所示为作用在无人机左侧机翼上的集中载荷和分布载荷示例。

　　按照作用性质,构件所承受的载荷分为静载荷和动载荷。如果载荷是逐渐施加给构件的,或者载荷施加过程中,其大小和方向变化非常小,这种载荷就是静载荷;如果载荷是突然施加给构件的,或者载荷施加给构件后,其大小和方向有显著的变化,这种载荷就是动载荷。

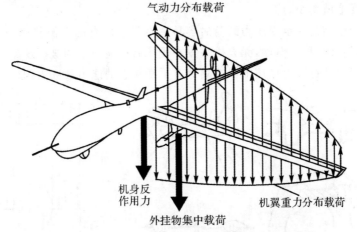

气动力分布载荷

机身反作用力

外挂物集中载荷

机翼重力分布载荷

图 2-1　飞行中作用在机翼上的集中载荷和分布载荷

　　(2)一般构件在载荷作用下,其尺寸和形状都会有不同程度的改变,这种尺寸和形状的改变就叫作变形。无人机在空中飞行和起飞、降落过程中,一定会有变形发生。去掉载荷后,构件在载荷作用下所产生的能够消失的变形叫弹性变形,不能消失的变形叫永久变形,也称残余变形。无人机机体在空中飞行时的变形一般都是弹性变形,但当所受载荷超过设计范围或长时间承受过大载荷时,所产生的变形就可能成为永久变形。

　　(3)构件承受载荷的情况不同,它所产生的变形形式也不一样,基本上可分为拉伸、压缩、剪切、扭转和弯曲等 5 种变形。实际上,无人机结构受力时,各构件的变形往往是比较复杂的,都是由几种变形组合而成,是复合变形。例如,无人机飞行过程中机翼的变形一般都是复合变形的结果。

　　当构件受到外力作用而变形时,材料分子之间的距离必然会发生变化,这时分子之间就会产生一种反抗变形并力图使分子间的距离恢复原状的力,这个力就是内力。与构件受载时所发生的 5 种基本变形相对应,构件可以产生的 5 个基本内力是拉力、压力、剪力、扭矩和弯矩,如图 2-2 所示。

　　(4)应力是对构件受力严重程度的描述。一般地,构件在外力作用下,单位截面面积上所产生的内力叫作应力。如果内力是均匀分布的,那么构件任意截面上的应力就等于截面上的总内力除以截面面积。应力可分为正应力和剪应力。前者垂直于所取截面,后者平行于所取截面。在实际受力时,构件所受的应力常常是不均匀的,图 2-3 所示的小孔所在横截面上的应力就不可能是均匀的。

　　构件在传力过程中,其横截面上的应力会随着载荷的增大而增大。生活常识告诉我们,任何构件在其截面上的应力增大到一定程度后,就会发生损坏,产生显著的永久变形或断裂。一般把构件在外力作用下抵抗破坏(或断裂)的能力叫作构件的强度。构件的强度越大,表示它开始损坏时所承受的载荷越大。因此,要使构件在规定的载荷作用下还能可靠工作,就应保证它具有足够的强度。

(5)生活中也常常发现,即使构件强度足够,有时候在载荷作用下,还可能出现由于其变形量过大而影响工作的情况。因此,构件要能正常工作,还应具有足够的抵抗变形的能力。一般构件在外力作用下抵抗变形的能力称为构件的刚度。构件的刚度越大,在一定的载荷作用下产生的变形就越小。

细长杆和薄壁结构在承受压力载荷时容易突然失去原有的平衡状态,这种现象叫作失去结构稳定性,简称失稳。例如,无人机蒙皮在受压后可能产生的皱折现象就是蒙皮受压失稳造成的。一般构件在外力作用下保持其原有平衡状态的能力被称为构件的稳定性。

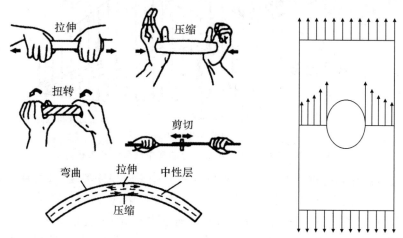

图 2-2　构件所受的五种基本内力和变形　　图 2-3　小孔横截面上的不均匀应力

知识点 2.2:机体承受的载荷

与其他任何构件一样,无人机无论是在地面还是在天上,无论是在起飞过程中还是在着陆过程中,都要承受一定的载荷。

飞行过程中,作用于无人机上的外载荷主要有无人机重力、空气动力(升力、阻力、侧力)和发动机推力或拉力;在作机动飞行时还会受到机动过载的作用。着陆接地时,除了承受上述载荷外,无人机还要承受地面撞击载荷;而无人机在地面停放时,则只有无人机重力和地面的反作用力。无人机各部件之间还会有相互的拉伸、压缩、扭转和剪切等内载荷。在无人机所承受的各种载荷中,以无人机在空中所受到的升力以及着陆过程中所受到的地面撞击力对无人机结构的影响最大,是无人机设计和使用过程中要重点考虑的载荷。

1. 载荷的类别

无人机各部件或部位实际可能遇到的最大载荷即使用载荷(或称为限制载荷)是各不相同的。也就是说,不可能用一种载荷情况所发生的载荷作为全机各部件或部位的设计载荷。

(1)机动载荷。无人机作大过载机动飞行时,在各部件上产生的气动力会导致整个无人机结构承受最大载荷。

对称机动是无人机在对称平面内的机动飞行,通常是各种无人机主受力和次受力结构的一种主要受载情况。俯仰机动所产生的载荷主要用于检验机身、机翼和水平尾翼等部件的强度。

非对称机动是指无人机在横向操纵和(或)航向操纵下作非对称机动飞行。在滚转机动情况下,机翼上除了受大的弯矩外,还受到大的扭矩,而机身和尾翼将受到弯矩和扭矩的联合作用。在侧滑和偏航机动时,垂直尾翼将受到较大的载荷。

(2)突风载荷。突风载荷是无人机在不平稳的大气中飞行,由扰动气流引起的附加载荷。对于非高机动无人机,由突风所引起的载荷值有时会超过无人机作机动飞行时的载荷。无人机通常展弦比较大,重量相对较轻,机翼载荷较小,飞行速度慢,受突风载荷的影响更大。

(3)进气道载荷。喷气式无人机的进气道主要考虑空中飞行的冲压载荷和地面发动机开车时产生的管道吸力两种载荷情况。最大冲压载荷可能发生在最大速压时,常常是无人机飞行包线的一个边界条件,一般可能达到 0.1 MPa。地面开车时,进气道(如无辅助进气门)的管道吸力可达 50 kPa。

(4)着陆载荷。影响无人机着陆载荷大小最主要的因素为无人机着陆重量和重心位置、下沉速度、机场高度和温度、地面风向和风速、无人机着陆速度、无人机着陆姿态、地面摩擦系数、缓冲器的功能等。同样,由于无人机的气动布局特点,着陆重量、下沉速度、着陆速度和着陆姿态对无人机所受到的载荷影响较大。固定翼无人机机翼载荷小于有人机,着陆时受大气扰流的影响较大,加之无人机降落时主要靠差分卫星导航和无线电高度表估计位置、姿态和降落高度,不如有人机机上飞行员估计的精确,着陆冲击会相对较大。此外,一些采用伞降回收的无人机,还要受到开伞和地面撞击的载荷。

(5)着舰载荷。无人机在舰船上着陆时,由于大风的干扰、海浪状况、甲板的摇摆和移动、着舰反弹等因素,会受到较大的速度撞击,所受冲击载荷很复杂。无人直升机还可能遭受与舰面共振的风险。采用阻拦索回收的固定翼无人机在挂钩瞬间会受到很大的冲击载荷。

2.部件气动载荷分布

在研究气动载荷问题时,除严重受载情况的选择和总载荷大小的确定之外,还应当解决力的分布问题。所谓力的分布,对于机翼、尾翼而言,是给出了沿展向和弦向的力的分布。通常可以使用规范提供的算法和数据,最好用风洞试验结果。图 2-4 所示为平直机翼的升力分布。

图 2-5 所示为普通常规机翼剖面沿弦向的升力分布。

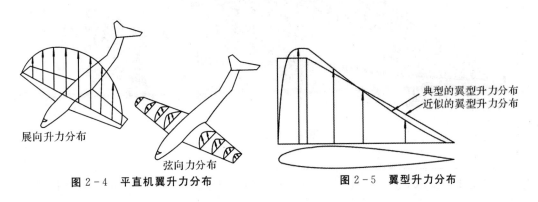

展向升力分布

弦向力分布

典型的翼型升力分布
近似的翼型升力分布

图 2-4　平直机翼升力分布　　　　图 2-5　翼型升力分布

任务2.2　机翼结构

▶任务描述

　　机翼是无人机的一个重要部件,一般由中翼、中外翼组成,其主要作用是产生升力。当它具有上反角时,可为无人机提供一定的横侧稳定性。在机翼上安装有一些操纵面,在其后缘有副翼和后缘襟翼;大型无人机前缘有前缘襟翼、缝翼,在其上表面有扰流板。机翼的内部空间常用来收藏主起落架和储存燃油。

▶学习目标

　　(1)掌握机翼结构的组成及各构件的作用;
　　(2)熟悉机翼的主要结构形式及特点;
　　(3)重点掌握机翼上操纵面的类型及功能作用;
　　(4)掌握舵机的结构组成及工作原理。

▶任务学习

知识点 2.3:机翼的主要构件

　　机翼结构主要由纵向构件、横向构件和蒙皮等组成,如图 2-6 所示。纵向构件包括翼梁(或纵墙)和桁条等;横向构件主要是翼肋,包括普通翼肋和加强翼肋。

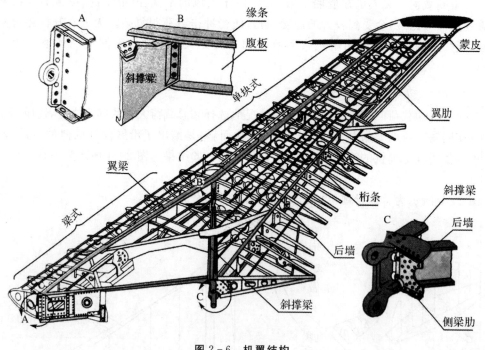

图 2-6　机翼结构

1.翼梁

翼梁主要用于承受剪力和弯矩,有的也承受部分扭矩。翼梁主要有腹板式、整体式和构架式(桁架式)等 3 种形式,还有些翼梁部分用整体式,部分用腹板式,称为复合式翼梁,如图 2-7 所示。

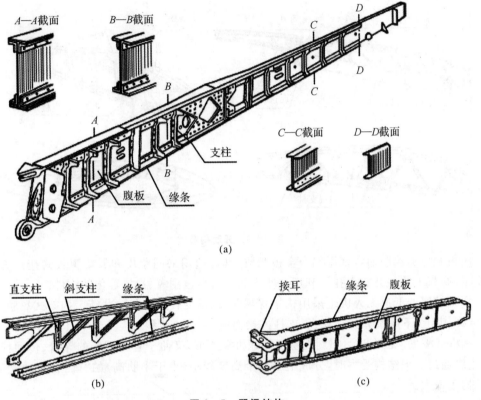

图 2-7　翼梁结构

腹板式金属翼梁由缘条和腹板铆接而成,截面多为"T"形或"L"形。缘条用铝合金或合金钢的厚壁型材制成,用于承受拉力和压力。腹板用铝合金板制成,用于承受剪力。薄壁腹板上往往还铆接了许多铝合金加强条,以连接翼肋和增强其抗剪稳定性。翼梁根部有接耳,通过螺栓与机身隔框上的接耳连接。腹板式翼梁的优点是能够较好地利用机翼结构高度来减轻重量,制造方便,如图 2-7(a)所示。

在翼型较厚的低速重型无人机上,常采用构架式翼梁。这种翼梁由上、下缘条和许多直支柱、斜支柱连接而成,如图 2-7(b)所示。翼梁受剪力时,缘条之间的加强条承受拉力和压力。缘条和加强条,有的采用铝合金管或钢管制成,有的则用厚壁开口型材制成。

整体式翼梁是一种用铝合金(或高强度的合金钢)锻制成的腹板式翼梁,它的优点是:刚度大,截面面积尺寸可以更好地做得符合等强度要求,如图 2-7(c)所示。

2.翼肋

翼肋的功用是形成和维持机翼翼型,承受和传递局部空气动力载荷或集中载荷。翼肋按承受载荷功能分为普通翼肋和加强翼肋,按结构形式分为腹板式、整体式、构架式(桁架式)和围框式等翼肋,如图 2-8 所示。普通翼肋的功用是:构成并保持规定的翼型;把蒙皮和桁条传给它的局部空气动力传递给翼梁腹板,而把局部空气动力形成的扭矩通过铆钉以剪流的形式传给蒙皮;支持蒙皮、桁条、翼梁腹板,提高它们的稳定性;等等。加强翼肋除了具有上述作用外,还要承受和传递较大的集中载荷;在开口边缘处的加强翼肋,则要把扭矩集中起来传给翼梁。

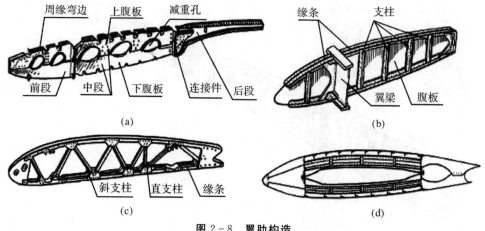

图 2-8 翼肋构造

腹板式普通翼肋通常都用铝合金板制成,其弯边用来同蒙皮和翼梁腹板铆接。为了减轻重量,腹板上往往开有大孔。利用这些大孔还可穿过副翼、襟翼等传动构件。

翼型较厚的低速无人机也采用构架式翼肋,以承受较大的集中载荷。构架式翼肋[见图2-8(c)]由上、下缘条和直支柱、斜支柱连接而成。

围框式翼肋[见图2-8(d)]既易于保证机翼外形,又便于各种系统的导管、传动杆和钢索、电缆通过。但结构受力时,分成上下两个高度较小(小于半肋高)的"梁"各自独立受载,故结构重量大。

3. 桁条

桁条的主要功用是支持蒙皮,防止蒙皮在承受局部空气动力时产生过大的局部变形,与蒙皮一起把空气动力传给翼肋;提高蒙皮抗剪和抗压稳定性,使之更好地承受机翼的扭矩和弯矩;与蒙皮一起承受由弯矩引起的轴向力。

4. 蒙皮

机翼蒙皮的材料有布质材料、金属材料和复合材料,各种机翼蒙皮都具有承受局部空气动力载荷和形成机翼外形的作用。

布质蒙皮机翼的抗扭刚度较差,而且蒙皮容易产生局部变形(鼓胀和下陷),飞行速度较大时,会使机翼的空气动力性能受到很大影响,所以只适用于低速轻型无人机。

现代无人机广泛应用了金属或复合材料蒙皮机翼。无人机出于减轻重量的需要,加之机翼载荷较小,因此大量采用了复合材料。这类机翼不仅能承受局部空气动力,而且能承受机翼的扭矩和弯矩。

知识点 2.4:机翼的结构形式

1. 梁式机翼

如果弯矩主要由翼梁缘条来承受,那么这种机翼称为梁式机翼。梁式机翼中桁条较弱,蒙皮较薄。剪力由翼梁腹板来承受,扭矩由蒙皮和翼梁腹板形成的闭室来承受。

　　根据翼梁的数目,梁式机翼可以分为单梁式、双梁式和多梁式。

　　(1)单梁式机翼的翼梁通常位于翼剖面结构高度最大处,这有利于减轻机翼的结构重量。翼梁根部的固接接头很强,将弯矩和剪力传递给机身。为了形成抗扭闭室,单梁式机翼上还布置有两个纵墙,如图 2-9 所示。

　　(2)在双梁式机翼中(见图 2-10),前梁布置在 20%～30%弦长处,后梁位于 60%～70%弦长处,翼梁根部有固接接头。前梁的横截面积、剖面高度和惯性矩比后梁大,因此它分担大部分的剪力和弯矩。

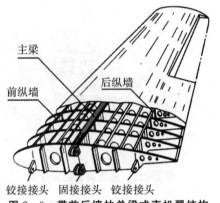

图 2-9　带前后墙的单梁式直机翼结构

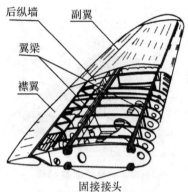

图 2-10　双梁式直机翼结构

　　(3)在多梁式机翼(见图 2-11)中,虽然蒙皮较薄,但是由于采用较密的翼梁或纵墙(或两者)来加强蒙皮,得到的机翼结构不仅刚度大,生存力强,而且重量也轻。翼梁通过固接接头将剪力和弯矩传递到机身加强框的接头上。

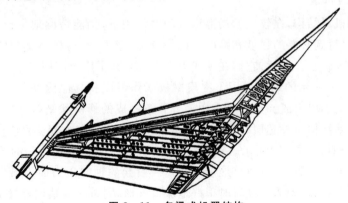

图 2-11　多梁式机翼结构

　　2.整体结构机翼

　　如果弯矩主要由蒙皮或机翼壁板承受,那么这种机翼称为整体式机翼。这种机翼的蒙皮较厚,桁条较多而且较强,翼梁的缘条较弱,各受力构件的临界失稳应力大致相同。整体式机翼又可以细分为单块式机翼和多腹板式机翼。

　　(1)单块式机翼。单块式机翼的蒙皮较厚,桁条较多而且较强,翼梁的缘条较弱,如图 2-12所示。因此在飞行中能够较好地保持翼型,结构的抗扭刚度较大。它的受力构件比较分散,能较好地利用结构高度来减轻重量,同时结构的生存力也较强。所以这种结构形式的机翼,在现代高速无人机上得到了较广泛的应用。但这种机翼存在着连接接头比较复杂、不便于开大舱口、不便于承受集中载荷等缺点,因而它的应用也受到了一些限制。

(2)多腹板式机翼。多腹板式机翼(见图 2-13)有较多的纵向梁和墙,其缘条较强;蒙皮较厚,通常是变厚度的;翼肋较少,一般只有根肋、尖肋和加强肋。弯矩由缘条和蒙皮共同承受。

如今,单纯的梁式机翼很少采用,一般只用在低速或小型无人机上。速度较高的无人机大多采用带两三根翼梁的单块式结构或多腹板式结构。

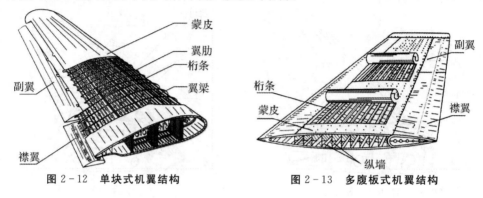

图 2-12　单块式机翼结构　　　　图 2-13　多腹板式机翼结构

3. 复合式机翼

为了充分利用梁式机翼和单块式机翼的优点,目前许多无人机的机翼采用梁式和单块式复合的结构,即在靠近翼根要开舱口的部分为梁式结构,其余部分为单块式结构。

4. 夹层结构机翼

这种形式的机翼结构,在较大的局部空气动力作用下,仍能精确地保持翼型;在翼型较薄的条件下,可以得到必要的强度和刚度。此外,超声速飞行时,机翼结构的强度和刚度受气动增温的影响也较小。因此,它们在现代无人机上得到了广泛应用。

(1)图 2-14(a)所示的结构采用了夹层壁板来作蒙皮和其他构件。夹层壁板由内、外两层薄金属板和夹芯层组成。夹芯层有用轻金属箔制成的蜂窝状结构,也有用泡沫塑料或轻质金属波形板状结构。夹芯层与内外层金属板胶接或焊接在一起。目前应用较广泛的是蜂窝夹层壁板,如图 2-14(b)所示。夹层结构的优点是:能够承受较大的局部空气动力而不致发生鼓胀和下陷现象;能够更好地承受弯矩所引起的轴向压力而不易失去稳定性。因此,夹层结构机翼能够在大速度飞行时很好地保持外形,同时它的结构重量也比较轻。

(2)由于夹层壁板的稳定性较好,所以这种机翼结构可以只用少量翼肋,而不用桁条(为了承受剪力和固定蒙皮,有时采用一些纵墙)。这样就使机翼表面的铆缝大量减少。铆缝少既能改善机翼的空气动力性能,又能减少由铆钉孔引起的应力集中现象。此外,铆钉孔少还提高了蒙皮的气密性。

(3)夹层结构虽然具有上述一系列优点,但目前并未完全代替单层蒙皮结构,因为它还存在着一些缺点。例如,很难在夹层壁板上开舱口,不便于承受大的集中载荷,损坏后不容易修补,各部分连接比较复杂,等等。

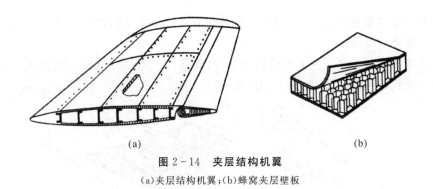

图 2-14 夹层结构机翼

(a)夹层结构机翼;(b)蜂窝夹层壁板

知识点 2.5:机翼上的操纵面

无人机为了增加小速度时的升力和实现横向操纵,在机翼上通常设置一些操纵面,如襟翼、副翼等。有些大型无人机为了增加降落滑跑时的阻力,缩短滑跑距离,还安装有扰流板。

1. 襟翼

把机翼的前后缘制成可活动的,通过下偏,用来改变机翼剖面的弯度和面积,增加升力,改善起降性能,这种可增加升力的活动翼面称为增升装置或襟翼。襟翼一般分为后缘襟翼和前缘襟翼。

增升装置的结构形式很多,有各类襟翼、缝翼或可活动部分,如图 2-15 所示。

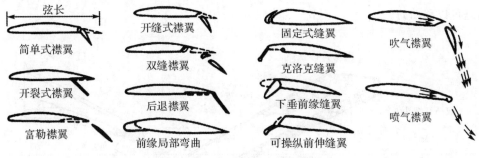

图 2-15 增升装置的结构形式

前缘增升装置一般布置在弦线最前面的 10%～15% 弦长区域内。后缘增升装置一般布置在 65%～75% 弦长之后的 25%～35% 弦长范围内。有简单式、后退式、开裂式、开缝(单缝、双缝或多缝)式、喷气襟翼等多种结构形式的襟翼。一般大型有人机或战斗机安装有前缘襟翼,无人机多数都安装了后缘襟翼。

2. 副翼

副翼多安装在机翼后缘外侧,是用于控制无人机横向滚转的操纵面。当无人机向左滚转时,左右副翼状态为左副翼上偏,右副翼下偏;无人机向右滚转时,左右副翼状态为右副翼上偏,左副翼下偏。在飞行过程中,操作员控制无人机改变航向时,通常直接操控的是副翼姿态变化,方向舵在飞控计算机的自动控制下实现协同转弯。

有些无人机的副翼和襟翼合为一体,称为襟副翼。飞行中襟副翼既可作副翼操纵(左右襟副翼差动偏转),又可作襟翼操纵(左右襟副翼同步偏转)。有些无尾无人机,由于升降舵、襟翼和副翼都必须装在机翼的后缘部分,于是产生了一个操纵面在不同情况下起不同作用的升降副翼和襟副翼等。

双梁式副翼在外形和结构上与机翼相似,由翼梁、翼肋和蒙皮组成,现代无人机副翼通常采用复合材料和蜂窝结构,如图 2-16 所示。

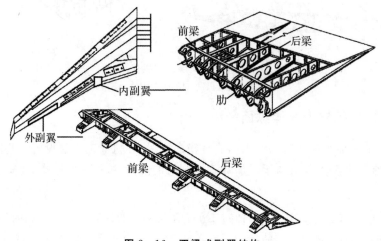

图 2-16　双梁式副翼结构

单梁式副翼连接接头处前缘蒙皮是开口的,如图 2-17 所示,副翼有若干双凸耳接头,铰接在外翼的后梁上。连接副翼的接头中,至少应有一个接头是沿展向固定的,其余接头沿展向是可以移动的。

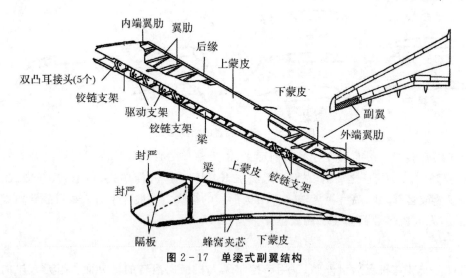

图 2-17　单梁式副翼结构

3.扰流板

扰流板的作用是减小升力、增大阻力,降低飞行速度和高度。无人机的扰流板位于机翼的上表面、后缘襟翼之前。如图 2-18 所示,扰流板由梁、楔形的后缘、铰链和作动接头等组成,楔形后缘采用蜂窝夹芯结构,由上、下蒙皮壁板和之间的蜂窝夹芯组成。扰流板铰接到机翼的后梁上。

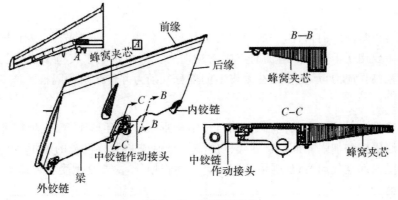

图 2-18　扰流板结构

任务 2.3　机 身 结 构

▶**任务描述**

机身主要用于装载各类机载设备、油料、发动机和起飞回收装置。飞行中,机身几乎不产生升力,其阻力占整个无人机阻力的较大部分,因此要求机身具有良好的流线型、光滑的表面、合理的截面形状以及尽可能小的横截面面积。在飞行和着陆过程中,机身不仅要承受作用于其表面的局部空气动力,还要承受起落架和机身上其他部件传来的集中载荷,所以机身结构必须具有足够的强度和刚度。

▶**学习目标**

(1)掌握机身结构的组成及各构件的作用;

(2)熟悉机身的主要结构形式及特点。

▶**任务学习**

知识点 2.6:机身的主要构件

机身主要组成构件包括蒙皮、桁条、大梁、隔框和地板等。机身结构各构件的作用与机翼结构中蒙皮、桁条和翼肋的作用基本相同。

1.梁

梁是机身的纵向构件,主要用于承受机身弯曲时产生的轴向力,一般为铝或其他合金材料。为便于与机身蒙皮连接,机身大梁通常采用"W"或"T"形截面。除此之外,机身大梁还有其他的截面形状,如图 2-19 所示。

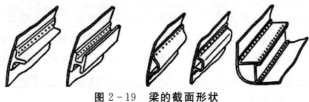

图 2-19　梁的截面形状

2.桁条

桁条也是机身的纵向构件,一般为铝合金材料。它铆接在机身隔框上(有些断开铆接在隔框之间),主要用于承受机身弯曲时产生的轴向力。桁条也用于支持蒙皮,提高蒙皮的受压和受剪失稳临界应力,承受作用在蒙皮上的部分气动力并传给机身隔框。

3.隔框

机身的隔框一般为铝或其他合金材料,按结构形式分为环形刚框、腹板框和构架框,按功能分为普通隔框和加强隔框。普通隔框的作用是形成和保持机身的外形、提高蒙皮的稳定性以及承受局部空气动力;加强隔框除了有上述作用外,主要是承受和传递某些大部件传来的集中载荷。

4.蒙皮

蒙皮主要用来形成机身外形和承受局部空气动力载荷,一般采用铝合金材料。对损伤容限设计的关键件、危险部位可采用断裂、疲劳性能好的材料。在某些部位,出于隐身或电磁波透波的需要,采用复合材料,如雷达罩、通信天线罩等。

5.地板

地板结构由地板骨架和安装在骨架上的地板组成,如图2-20所示,地板骨架由纵梁和横梁组成。横梁一般采用工字形或槽形挤压型材。横梁的两端连接在机身隔框上,并与纵梁和垂直支柱构成承力骨架。同时,纵梁还可以作为安装和固定座椅的导轨。地板本身由多块壁板组成,它们用螺栓固定在骨架上。作为地板的壁板是由上下面板、轻质芯材和加强条板组成的复合材料夹芯结构,芯材可以是泡沫塑料、轻质木材或其他材料。

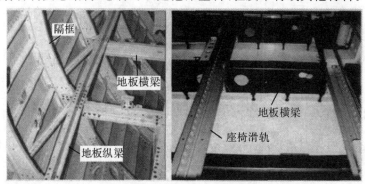

图2-20 无人机机身地板梁结构

知识点2.7:机身的结构形式

1.构架式机身

在早期的低速无人机上,机身的承力构架都做成四缘条的立体构架,如图2-21所示。

为了减小无人机的阻力,在承力构架外面,固定有整形用的隔框、桁条和布质蒙皮(或木制蒙皮),这些构件只承受局部空气动力,不参加整个结构的受力。机身的剪力、弯矩和扭矩全部由构架承受。构架式机身的抗扭刚度差,空气动力性能不好,其内部容积也不易得到充分利用。只有一些小型低速无人机采用构架式机身。

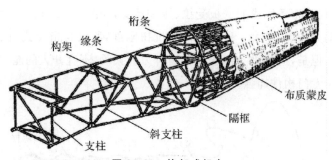

图 2-21　构架式机身

2. 硬壳式机身

硬壳式机身采用框架、隔框和蒙皮组成机身的外形,如图 2-22 所示。硬壳式机身没有纵向加强件,蒙皮承受全部的剪力、扭矩和弯矩。为了使蒙皮不失稳,可以增加其厚度,但这样会增加蒙皮和整架无人机的重量。为了降低机身重量,同时提高刚度,可以采用夹层结构的蒙皮。硬壳式机身的最大缺点就是重量较大,现代无人机较少采用这种结构。

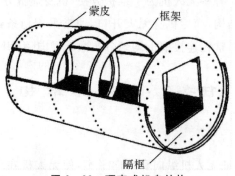

图 2-22　硬壳式机身结构

3. 半硬壳式机身

为了使机身结构的刚度能满足飞行速度日益增大的要求,需要使蒙皮参加整个结构的受力。因此,目前的机身结构广泛采用了金属蒙皮,并且将蒙皮与隔框、大梁、桁条牢固地铆接起来,成为一个受力的整体,通常称为半硬壳式机身。

(1)桁梁式机身。桁梁式机身由几根较强的大梁、较弱的桁条、较薄的蒙皮和隔框组成,如图 2-23 所示。机身弯曲时,弯矩引起的轴向力主要由大梁承受。桁梁式机身由于采用了较强的大梁,因而可以开大的舱口而不会显著地降低结构的强度和刚度。

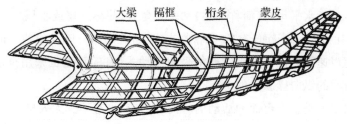

图 2-23　桁梁式机身结构

(2)桁条式机身。桁条式机身的桁条和蒙皮较强,受压稳定性好,弯矩引起的轴向力全部由上、下部的蒙皮和桁条组成的壁板受拉、压来承受，如图 2－24 所示。由于蒙皮加厚，改善了机身的空气动力性能，增大了机身结构的抗扭刚度，所以与桁梁式机身相比，它更适用于较高速无人机。但是，这种机身由于没有强有力的大梁，不宜开大的舱口，如果需要开口，必须在开口部位用专门构件加强。

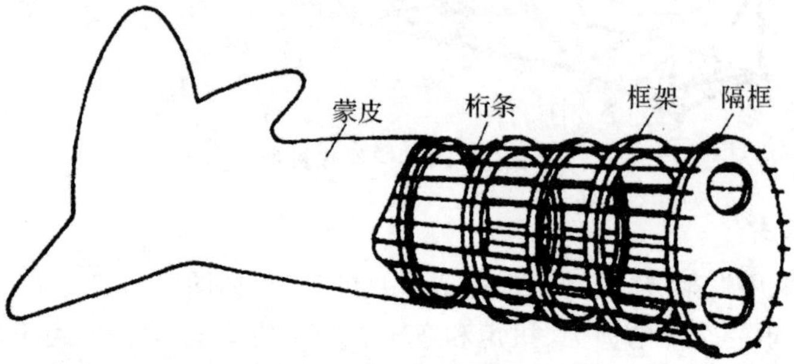

图 2－24　桁条式机身结构

(3)复合式结构机身。有些无人机为了维护方便，机身通常分为前、后两段，前段机身常有大开口，故采用桁梁式结构，而后机身无大开口，通常采用桁条式结构。前段机身和后段机身间用数个螺栓连接，通常在连接框上均匀分布数个导向销，用于安装时定位。

任务2.4　尾翼结构

▶任务描述

尾翼的主要作用是保证无人机纵向和方向平衡，使无人机在纵向和方向具有必要的安定性，实现无人机纵向和方向的操纵。

▶学习目标

(1)熟悉尾翼的主要结构形式及特点；

(2)掌握尾翼结构的组成及功能作用。

▶任务学习

知识点 2.8：尾翼的结构形式

一般的尾翼包括水平尾翼(简称平尾)和垂直尾翼(简称立尾或垂尾)。亚声速无人机的平尾一般由固定的水平安定面(有的可略微转动)和活动的升降舵组成，如图 2－25 所示。现代跨声速和超声速无人机的平尾一般都采用全动式(有的垂尾也采用全动式)，以提高无人机在高速飞行时的纵向操纵效能。

垂尾则由固定的垂直安定面和活动的方向舵组成，也有不少无人机，为增加垂尾面积以加强方向静安定性，采用双垂尾布置。无人机的尾翼配置和有人机相比，种类更多，如图 2－26所示。

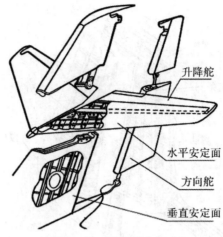

升降舵

水平安定面

方向舵

垂直安定面

图 2 - 25　尾翼基本组成

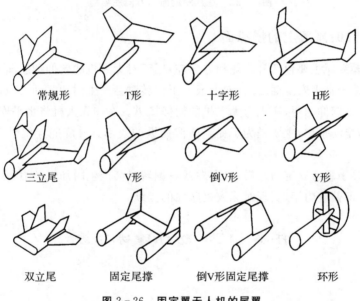

常规形　　　T形　　　十字形　　　H形

三立尾　　　V形　　　倒V形　　　Y形

双立尾　　固定尾撑　　倒V形固定尾撑　　环形

图 2 - 26　固定翼无人机的尾翼

知识点 2.9：尾翼的主要构件

(1)尾翼和机翼在组成上基本相似,一般也是由梁、肋、桁条和蒙皮等组成,构成方法与机翼相似,如图 2 - 27 所示。轻型无人机的安定面较小,多采用梁式构造。大型无人机的安定面由于翼展大而相对厚度小,采用梁式结构会带来重量大、抗弯能力不足的缺点,所以一般都采用多纵墙的单块式构造。

(2)方向舵与升降舵一样,通常是由梁、肋、蒙皮和后缘型材等组成的无桁条单梁式结构(较大的舵面也有少量桁条)。越来越多的无人机升降舵和方向舵采用全蜂窝结构和复合材料结构。

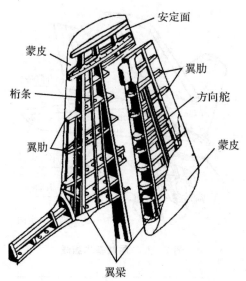

图 2 - 27　垂直安定面和方向舵结构

知识点 2.10:尾翼上的操纵面

尾翼上的操纵面主要包括升降舵和方向舵,用于对无人机的俯仰和航向进行控制。

升降舵铰接于水平安定面之后,向上或向下偏转时会产生附加气动力,从而形成对无人机横轴的力矩,即俯仰力矩,实现对无人机的俯仰操纵。有些无人机将水平安定面和升降舵做成整体,称为全动平尾,主要是为了提高俯仰操纵的效率。升降舵上偏时无人机抬头,反之则低头。

方向舵铰接于垂直安定面之后,它向左或右偏转时会产生附加气动力,从而形成对无人机立轴的力矩,即偏航力矩,实现对无人机航向的操纵。

任务 2.5　防冰除冰系统

▶任务描述

在有结冰条件的环境中飞行时,无人机各迎风部位,如机翼和尾翼前缘、螺旋桨、发动机进气道前缘、各种传感器探头等处极易结冰。无人机结冰导致无人机气动性能恶化,发动机功率降低,传感器故障,进而对飞行安全构成严重威胁。因此,现代无人机装备有防冰或除冰系统。一些无人机无防冰或无除冰能力,但会装有结冰探测器,如意外进入结冰区,则应立即控制无人机迅速脱离结冰区。

▶学习目标

(1)熟悉无人机结冰的机理;

(2)学会分析无人机结冰的危害;

(3)了解无人机常用的防冰和除冰方法;

(4)掌握无人机预防积冰和积冰后的处置方法。

▶任务学习

知识点 2.11：无人机结冰机理

大气中经常存在着温度在 0 ℃以下仍未冻结的过冷水滴。这种过冷水滴多出现在 −20～0 ℃的云和降水中。当温度低于−40 ℃时，过冷水滴就会立即冻结，但是温度高于 −40 ℃时，水滴就会长时间以液态存在。过冷水滴的一个重要特征就是不稳定，稍受振动，即冻结成冰。当无人机在含有过冷水滴的区域飞行时，如果机体表面温度低于 0 ℃，过冷水滴就会在机体表面迎风部位冻结并积聚成冰层。可见，无人机结冰的条件是气温低于 0 ℃，无人机表面温度低于 0 ℃和有温度低于 0 ℃的过冷水滴存在。

1.无人机结冰的种类

无人机表面结冰的种类包括明冰、雾凇、毛冰和霜等。无人机结冰有的光滑透明，有的粗糙不平，有的坚硬牢固，有的松脆易脱。它们之间的差异主要是由过冷水滴的尺寸大小及其温度决定的。

明冰通常是在温度为−10～0 ℃的条件下由过冷雨或大水滴形成的，其质地光滑透明、结构坚固。在有降水的云中飞行时，明冰的积聚速度往往很快，冻结牢固，除冰设备不易使其脱落，因而对飞行危害较大。

雾凇由许多粒状冰晶组成，不透明，表面粗糙。这种冰多形成于温度在−20 ℃左右的云中，积聚速度较慢，多出现在无人机的迎风部位。与明冰相比，雾凇很容易除掉，对飞行危害相对较小。

毛冰的特征是表面较粗糙，质地较坚固，色泽如白瓷，故又被称为瓷冰。毛冰多形成在温度为−15～−5 ℃的云中，这里大小水滴同时存在，或存在由过冷水滴与冰晶混合组成的云，所以能形成粗糙的不透明的冰。毛冰对飞行的影响不亚于明冰。

霜是在晴空飞行时出现的一种结冰。它是当不饱和空气与温度低于 0 ℃的机体表面接触时，由水蒸气在冷机体表面直接凝华而成的。只要无人机表面保持在 0 ℃以下，霜就一直不化。霜虽然很薄，但它对飞行依然有影响。另外，冬季停放在地面的无人机也可能结霜，必须清除机体上的霜层后才能起飞。

2.无人机结冰的影响

(1)无人机结冰常发生在飞机表面凸出或迎风部位上，主要包括机翼及尾翼的前缘、螺旋桨、各类外置天线、整流罩、空速管等部位。结冰的主要影响可分为对空气动力性能、动力装置、传感器与通信等几个方面。

(2)无人机结冰不仅增加了无人机的重量，而且会改变无人机的重心和空气动力翼面的气动外形，从而破坏了无人机原有的气动性能，升力下降，阻力增加，引起无人机抖动，操纵困难甚至失控。

(3)无人机螺旋桨桨叶结冰导致其拉力减小。当冰层厚度达 5～7 mm 时，冰块会在离心力作用下脱落，这不仅会打坏发动机和机身，而且会破坏螺旋桨的平衡，引发强烈振动。结冰还会使汽化器进气道文氏管喉部流道面积变窄，空气流过时温度和压力降低，加之此处喷出的汽油蒸发汽化吸热,双重冷却效应使进气中的水分凝结成冰,严重时会堵塞进气道,使发动机功率下降甚至停车。

(4)空速管结冰会影响空速、高度和升降速率显示的准确度,严重时空速器无法正常工作。迎角传感器结冰会影响失速警告系统正常工作。天线结冰则会影响无线电的接收与发射,甚至中断通信。

知识点 2.12:无人机防冰除冰系统

1.无人机结冰探测

无人机防冰/除冰系统应该在需要时才工作,以减少能源消耗。这就要求无人机具备能够在飞行中探测结冰情况的能力。应用在无人机上的结冰探测技术多种多样,包括光学法、热学法、电学法、机械法和波导法等。下述介绍无人机常采用的电子式结冰探测器(属于机械法)。

(1)电子式结冰探测器由微处理器电路、翼形支柱和伸到气流中的探头组成,如图 2-28 所示。探头以预设的频率振动,当冰积聚在探头上时,其振动频率减小。当探头振动频率下降到预设的频率下限时,微处理器将结冰信号传给地面站。

(2)探测一次结冰后,探头内的加温元件将冰除掉,以便继续探测结冰情况。只要探测器连续探测到结冰,地面站中的告警信号就会一直保持。只有当探测器已探测不到结冰时,告警信号才消除。

2.无人机防冰系统

对无人机某些易结冰部位采取一定措施,使之不能结冰,称为"防冰"。许多小型无人机因飞行高度和速度较低,热源有限,未装备专门的防冰设备。而较大型的无人机则可能装设防冰系统。防冰系统的种类主要根据所利用的能源来区分,有气热防冰、电热防冰、化学防冰等。

(1)气热防冰系统。气热防冰系统通常用于机翼和尾翼前缘防冰。这种系统需要温度较高的热空气。无人机如果采用气热防冰系统,则热空气来源于排气加温器或燃烧加温器。

气热防冰系统的热空气通过防冰活门的控制,流向机翼、尾翼前缘蒙皮内沿翼展方向敷设的防冰导管。需要防冰的翼面前缘内部装配小缝隙蒙皮夹层,形成加热通道,如图 2-29 所示。热空气通过防冰导管上的喷气孔喷入夹层,为前缘蒙皮提供足够的热量,以防止过冷水滴在翼面前缘结冰,或者使已冻结在蒙皮上的冰层融化松脱,由相对气流吹除。空气流过夹层通道后,从翼尖或其他易结冰部位排出机外。

图 2-28　电子式结冰探测器　　　图 2-29　机翼气热防冰原理

(2)电热防冰系统。可能遇到结冰的无人机上通常对空速管采用电加温防冰方法,防止结冰堵塞空速管进气口。但空速管电加温元件发热量较大,因此当无人机在地面无相对气流时,不能接通该加温,以免烧坏空速管。当前无人机多在起飞前拔下空速管加温开关,落地后插上。

(3)化学防冰系统。在无人机的某些表面或部件喷洒异丙基乙醇、甲基乙醇,或乙烯乙二醇和乙醇的混合液,可以降低这些部位水的冰点,同时使喷洒后的表面光滑,冰不容易在这些表面聚集。液体防冰通常用于汽化器、螺旋桨的防冰。防冰液储存在无人机上的储液箱中。

图 2-30 所示为螺旋桨桨叶前缘液体防冰系统。该系统由防冰液储液箱、液滤、液泵、变阻器、抛液环和供液导槽等组成。需防冰时,通过带有变阻器的开关控制液泵电机的转速,从而控制供液量。螺旋桨设有抛液环,利用离心力将防冰液送到桨叶喷液嘴喷出。

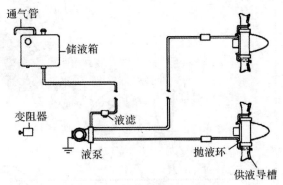

图 2-30　螺旋桨液体防冰系统

由于离心力的作用,喷出的防冰液沿导槽向桨叶叶尖流动,在相对气流的吹动下布满整个桨叶前缘,从而达到防冰的目的。

3.无人机除冰系统

除冰系统是将无人机表面已形成的冰除去。对于速度较低的无人机,在对空气动力翼面气动性能影响不大的前提下,允许一定程度的结冰,然后采用一定方式将冰破掉或融化,由气流带走。这种方式效率更高,且除冰后表面无残留冰,不会在原结冰区域形成冰溜。

最典型的除冰系统是机翼和尾翼前缘气动除冰带系统。而螺旋桨除冰则常采用电加热元件将桨叶上形成的冰融化,再利用螺旋桨的离心力将脱落的冰甩掉。

(1)气动除冰系统。气动除冰系统利用可充气膨胀的气动除冰带机械破碎翼面冰层,由气流吹掉而达到除冰的目的,如图 2-31 所示。除冰带通常装设于机翼、尾翼前缘,由橡胶制成。

图 2-31　气动除冰带

（2）电热除冰系统。许多无人机的螺旋桨安装有电热除冰套系统。橡胶除冰套内埋设电加热元件，并包裹在桨叶前缘。加热元件通电后对除冰套加热，将形成于桨叶前缘的冰融化，并由螺旋桨的离心力将冰甩掉。

在有些无人机上，每个桨叶上的除冰套分为两段。除冰时，以 30 s 为间隔分别对各桨叶的两段除冰套通电加热。30 s 的时间足以使附着在桨叶未加热区的冰在加热时松脱掉。这种交替加热方式对螺旋桨有很好的除冰效果。

螺旋桨电热除冰系统的主要附件包括电热除冰套、将电流接通到转动桨叶的滑环和电刷组件、控制加热时间和除冰程序的定时器、指示系统工作的电流表以及将无人机电源接通到除冰系统的导线、电门和断路器等，如图 2-32 所示。

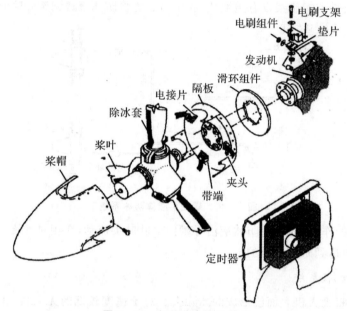

图 2-32 螺旋桨电除冰系统

滑环组件通过专门的与起动机适配的桨帽隔板或曲轴法兰盘连接到螺旋桨上。电刷组件安装在发动机上，因此 3 个电刷垂直贴紧在滑环上。定时器控制各除冰套的通电顺序。加热顺序有利于使桨叶上的结冰松脱，并在离心力作用下将冰甩掉。每个桨叶的相同部位同时通电加温，以保持螺旋桨的动平衡。电流表用来监视系统的工作情况。当每个加热元件通电时，如电流相等，说明除冰系统工作正常。该系统的优点是重量轻，但耗电量较大。

知识点 2.13：无人机积冰的预防和处置措施

1. 预防措施

为了预防无人机发生积冰的情况，在飞行组织过程中通常采取以下几种预防措施：

（1）起飞前要确保机翼和尾翼表面有没有积冰、霜或露水等，如果发现有积冰应通知机务人员在飞行前对无人机表面进行清理，同时报告飞行指挥员，以便于飞行指挥员对天气情况是否有利于飞行进行判定。

（2）了解本地区、飞行区域的气象情况，杜绝超条件、在具备积冰条件的区域飞行，并做好无人机积冰的预防措施。

（3）飞行过程中观察各类参数，并利用光电载荷对各部位、空域进行观察。

2. 处置方法

如果飞行空域气温较低、云量较多，当飞行过程中出现无人机转速变化较大、空速减小、俯仰角明显变大、横滚角有发散趋势、节风门调节幅度变大等情况时，若排除由无人机设备故障造成后，可初步判定为无人机积冰，应立即采取以下措施：

（1）如果无人机可控，能保持自主飞行，应增加给定空速，保持无人机的稳定性；同时调整飞行高度或改变飞行航线，脱离积冰区域。

（2）如果无人机可控，但不能保持自主飞行，应转姿态遥控或舵面遥控，及时返航或迫降，同步按照应急处置预案做好准备。

任务 2.6　外部照明灯

▶**任务描述**

在不同的无人机上，外部灯光和照明设备的种类、数量和安装位置各不相同，但着陆灯、滑行灯、航行灯、防撞灯在很多无人机上都有安装，用于在能见度不良的情况下照亮跑道、滑行道，标示无人机所处位置和飞行方向，避免无人机空中相撞，便于地面人员辨认无人机飞行状态。无人机在正常情况下都是自主飞行及起飞、降落的，理论上不需要安装外部照明灯。考虑到未来无人机与有人机协同飞行、无人机密集飞行、地面人员判断无人机起降状态等因素，加之有些无人机在头部位置安装摄像头，辅助监控无人机起降状态，因此无人机也根据需要安装了部分种类的外部照明灯。无人机外部照明灯在机身上的典型安装情况如图2-33所示。

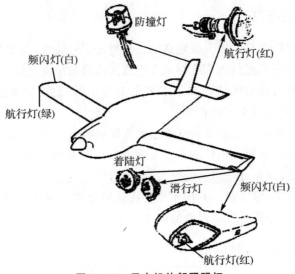

图 2-33　无人机外部照明灯

▶ 学习目标

(1)了解无人机常用外部照明灯的类别及安装位置；

(2)熟悉不同类别照明灯的功能作用。

▶ 任务学习

知识点 2.14：着陆灯

着陆灯主要是为无人机在夜间或能见度不良的条件下起飞或着陆时提供照明，以便无人机操作员观察跑道。对无人机来说，在同样起飞、着陆条件下，可以在着陆灯的帮助下更好地监控无人机的起飞、着陆状态，以便及时处置突发情况。

按照结构形式进行分类，通常将着陆灯分为固定式和活动式两种，有些着陆灯还兼有着陆照明和滑行照明两种功能。固定式着陆灯常安装于机翼前缘、机身前端或前起落架上，并按照机翼前缘的形状盖上透明整流罩。活动式着陆灯又称为可收放式着陆灯，它安装于机翼、机身前部或发动机舱表面的开口处，并要求在收起时能收缩到机翼或机身外部轮廓之内。

着陆灯功率很大，使用时产热很高，需要高速气流进行冷却，因此着陆灯在无人机起飞滑跑前打开，离地后关闭；在无人机最后进近阶段打开，落地后即关闭。当无人机停留在地面时，检查、使用着陆灯的时间要尽可能短。

知识点 2.15：滑行灯

滑行灯的作用是在夜间或能见度差的情况下，为无人机在地面滑行时照亮前方跑道和滑行道。滑行灯也是密封的光束型灯，通常固定安装在机翼前缘，也可安装在机身头部或起落架构件上。滑行灯的光线水平扩散角较大，是着陆灯的数倍，但光的强度比着陆灯弱，这是为了满足无人机滑行时要有较宽视野和较长时间滑行照明的要求。

知识点 2.16：航行灯

航行灯又称导航灯，是显示无人机轮廓的机外灯光信号装置，便于黑暗中辨认无人机的位置及运动方向，必要时可进行无人机与无人机或无人机与地面之间的紧急联络。

(1)夜间在地面进行发动机试车，无人机滑行和牵引时，也用它来标志无人机的位置和外部轮廓，以免车辆、人员与无人机相撞。

(2)航行灯的安装根据航空规章和空中交通管制规则条例要求，自无人机的正前方向无人机望过去，在整个 110° 弧形范围内的水平平面上都可以看到右侧翼尖或靠近右侧翼尖处一个绿色灯和左侧翼尖或靠近左侧翼尖处一个红色灯。

(3)自无人机的后部，可以在 140° 的水平平面弧形范围内观察到白色航行灯，白色航行灯一般安装在无人机的尾锥或机翼翼尖的后部。

知识点 2.17：防撞灯、频闪灯

防撞灯俗称闪光灯，其与航行灯配合，显示无人机的位置以防止无人机相撞。为使目标

明显,防撞灯发出红色闪光。

为了使无人机更加容易被识别,除在机身上下安装红色闪光灯外,还在翼尖处(通常在航行灯的后面位置)安装白色闪光灯,这些灯称为频闪灯。

单 元 小 结

机体载荷直接影响着机体结构组成和结构形式。本单元首先介绍机体载荷类型和各部件的作用机理及分布。以固定翼无人机为例,介绍了机翼、机身、尾翼的主要构件及结构形式,注意区分有人机与无人机在机翼结构上的不同之处。此外,作为安装在机体上的一部分,还讲解了防冰除冰系统和外部照明灯。本单元的重点是理解无人机机翼和尾翼上安定面和操纵面的功能作用,熟悉无人机结冰的危害及处置方法。

单 元 作 业 题

1.分析无人机机体承受载荷类型和特点。

2.机身的主要作用有哪些? 总结机身的基本组成构件特点。

3.机翼的主要构件有哪些? 各部分的作用是什么?

4.分析机翼上操纵面的类型及功能作用。

5.分析总结无人机尾翼的功用和结构特点。

6.无人机结冰的危害有哪些?

7.无人机防冰除冰措施有哪些?

8.分析无人机积冰后的处置方法。

第3单元 航空活塞发动机工作原理

为航空器提供推力(或拉力),推动航空器前进的装置称为航空动力系统。它由发动机本体以及保证发动机正常有效工作所需的附件、传感器和相关系统共同组成,例如燃油系统、滑油系统、操纵控制系统、冷却系统、起动系统等。采用间接推力的动力系统还包括螺旋桨或旋翼等。动力系统的核心部件是发动机,通常把动力系统简称发动机。

由于无人机种类多、构型多样、用途范围广,为满足不同需要使用的动力系统也多种多样。无人机作为飞行器中的一种,其采用的动力系统大多数和其他飞行器所用动力系统类型和工作原理一致,如图 3-1 所示。

(1)航空活塞发动机。该类发动机通过汽缸内燃料的燃烧形成工质,完成热力循环,将热能转化为机械能,驱动螺旋桨或旋翼旋转产生动力。整个动力系统包括发动机、螺旋桨或旋翼,是中小型无人机常用的推进装置。

(2)航空燃气涡轮发动机。该类发动机的特征是带有压气机和涡轮等叶轮机械,包括直接产生推力的涡喷、涡扇等发动机和间接产生推力的涡轴、涡桨等发动机;常用作中型、大型或旋翼式无人机的动力系统。

(3)电推进。和有人飞机动力系统绝大多数利用推进剂、燃料化学能产生热,再产生推进功的过程不同,无人机动力系统还包括以电机＋螺旋桨的推进系统,常用于微小型无人机。

图 3-1 采用内燃机、燃气轮机和电推进的无人机

其他类型的发动机还有火箭发动机、冲压发动机、脉冲爆震发动机以及利用太阳能作为能源的发动机等,如图 3-2 所示。无人机所用的电推进技术较为成熟,需要的维护较少;固体火箭发动机常作为无人机的助推器使用,可在无滑行跑道条件下放飞无人机;冲压发动机主要用于超声速无人机,目前应用较少。

自 1903 年人类完成第一次载人动力飞行至第二次世界大战末期,几乎所有的飞机都使用活塞式发动机和螺旋桨的组合作为动力系统。航空活塞式发动机在漫长的发展过程中,其理论研究和实践应用方面都比较成熟和完善。目前,虽然航空发动机中大推力喷气式发动机成为主流,但活塞式发动机仍占有重要的地位,凭借其在低速情况下能够保持高推进效率等优势,在无人机上也被广泛采用。航空动力系统主要类型如图 3-2 所示。

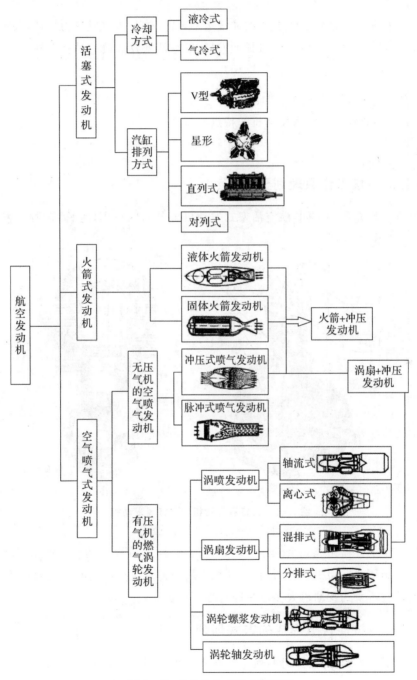

图 3-2　航空动力系统主要类型

任务 3.1 航空活塞发动机分类

▶任务描述

活塞发动机是依靠活塞在汽缸中的往复运动,使气体工质完成热力循环,并将燃料的化学能转化为机械能的动力系统。经过长期发展,航空活塞发动机的种类多样。

▶学习目标

(1)熟悉航空活塞发动机的分类;

(2)了解不同类别航空活塞发动机的特点。

▶任务学习

知识点 3.1:按工作原理划分

根据基本工作原理的不同,航空活塞式发动机可分为四行程(也称"冲程")发动机和二行程发动机,如图 3-3 所示。

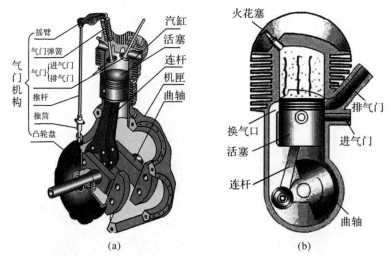

图 3-3 四行程发动机和二行程发动机

(a)四行程发动机;(b)二行程发动机

活塞运动 4 个行程完成一个工作循环的发动机,叫四行程发动机。活塞运动 2 个行程完成一个工作循环的发动机,叫二行程发动机。后一种只是在过去的少数无人机上采用过,目前使用的航空活塞式发动机大多数是四行程发动机。

知识点 3.2:按混合气形成的方式划分

根据形成混合气的方式的不同,航空活塞式发动机可分为汽化器式发动机和直接喷射式发动机。

汽化器式发动机中装有汽化器,燃油与空气在汽化器内预先混合好,再进入发动机汽缸中燃烧。直接喷射式发动机中装有燃油直接喷射装置,发动机工作时燃油由直接喷射装置直接喷入汽缸,混合气在汽缸内形成。

知识点 3.3:按点燃的方式划分

根据汽缸内燃气的点燃方式的不同,航空活塞式发动机可分为点燃式发动机和压燃式发动机。

点燃式发动机是燃油与空气按照一定的混合比混合成的混合气,在汽缸内经过活塞压缩后,用外来的火源点燃,使其燃烧。压燃式发动机是先将空气在汽缸内压缩,使其温度升高至燃油的燃点值上,然后再向汽缸内喷入燃油使其自燃。

知识点 3.4:按发动机的冷却方式划分

根据发动机的冷却方式的不同,航空活塞式发动机可分为气冷式发动机和液冷式发动机。

气冷式发动机上汽缸的外部设计有散热片,直接利用飞行中的迎面气流来冷却汽缸和相关部件,如图 3-4 所示。液冷式发动机利用循环的液体来冷却汽缸和相关部件,然后冷却液再将所吸收的热量散入大气之中去,如图 3-5 所示。冷却液通常采用水、乙二醇或乙二醇和水的混合物。

图 3-4 气冷式"星型"发动机　　　　图 3-5 容克斯 211F 液冷式发动机

知识点 3.5:按空气进入汽缸前是否增压划分

根据空气在进入汽缸前是否增压来划分,航空活塞式发动机可分为吸气式发动机和增压式发动机。吸气式发动机工作时,外界的空气被直接吸入发动机汽缸。吸气式发动机一般用于飞行高度较低的飞机上。增压式发动机上装有增压器,外界的空气进入汽缸之前,先经过增压器提高压力后,再进入发动机汽缸。当飞行高度增加时,大气压力减小,空气变得稀薄,发动机的功率减小,采用增压器将进气增压是提高发动机高空性能的主要办法,所以增压式发动机一般用在飞行高度较高的飞机上。

知识点 3.6：按汽缸排列的方式划分

根据汽缸排列方式的不同航空活塞发动机可分为直列形发动机和星形发动机。

直列型发动机的汽缸呈"列队"式前后排列，又可分为单排直列形、水平对置形和 H 形或 V 形等形式，如图 3-6、图 3-7 所示。汽缸在机匣的左右两侧各排成一行，彼此相对，这种发动机有四缸、六缸和八缸等。

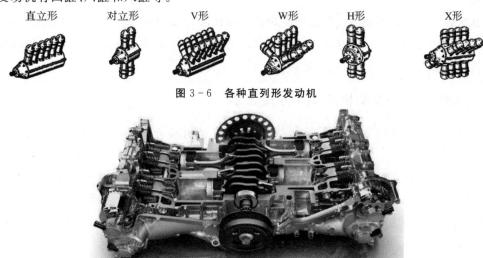

直立形　　对立形　　V形　　W形　　H形　　X形

图 3-6　各种直列形发动机

图 3-7　水平对置形发动机

星形发动机的所有汽缸均以曲轴为中心，沿圆周呈辐射状均布于机匣上。此类发动机有单层、双层和多层等不同形式，单层分为 5 缸、7 缸和 9 缸 3 种。图 3-8 所示的星形发动机是单层 7 缸星形发动机；双层星形发动机有 14 缸和 18 缸 2 种，每层各为 7 缸和 9 缸，前后两层汽缸交错安装在机匣上，以利于空气对汽缸的冷却；多层星形发动机曾经出现过 4 层 28 缸和 4 层 36 缸两种，由于结构十分复杂，故很少使用。

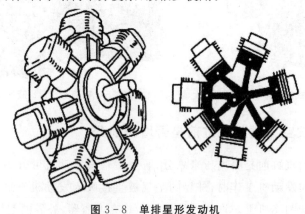

图 3-8　单排星形发动机

知识点 3.7：按使用燃料不同划分

根据使用燃料的不同，航空活塞发动机可以分为轻油发动机、重油发动机两种。前者使用汽油、酒精等挥发性较高的燃料,后者使用柴油等挥发性较低的燃料。重油发动机是航空活塞发动机的重点发展方向,在雾化、点燃、涡轮增压、轻量化处理等方面的技术难题制约了其应用,未来在舰载无人机领域极具应用前景。

任务 3.2　航空活塞发动机工作过程

▶任务描述

航空活塞式发动机通过连杆将活塞的往复直线运动转化为曲轴的旋转运动,实现将热能转变为机械能。在四行程发动机中,活塞运动 4 个行程完成一个工作循环;在二行程发动机中,活塞运动两个行程完成一个工作循环。

▶学习目标

(1)掌握描述航空活塞发动机工作过程常用名词的概念;

(2)掌握四行程活塞发动机的工作过程;

(3)掌握二行程活塞发动机的工作过程;

(4)了解转子发动机的工作过程。

▶任务学习

知识点 3.8:活塞运动常用名词

发动机工作时,活塞在汽缸内做往复直线运动,通过连杆连接,使曲轴做旋转运动。为了描述活塞的运动,常用名词如图 3-9 所示。

(1)上死点:也称上止点,指活塞顶距曲轴旋转中心的最远距离的位置,如图 3-9(a)所示。

(2)下死点:也称下止点,指活塞顶距曲轴旋转中心的最近距离的位置,如图 3-9(b)所示。

(3)曲轴转角:指曲臂中心线与汽缸中心线的夹角。

(4)活塞行程:指上死点与下死点间的距离。

(5)曲臂半径:指曲轴旋转中心与曲颈中心的距离。由图 3-9 可见,它与活塞行程的关系为 $L = 2R$。

(6)燃烧室容积:指活塞在上死点时,活塞顶与汽缸头之间形成的容积。

(7)汽缸工作容积:指上死点与下死点之间的汽缸容积。

(8)汽缸全容积:指活塞在下死点时,活塞顶与汽缸头之间形成的容积。显然,汽缸全容积也等于燃烧室容积与汽缸工作容积之和。

(9)压缩比:指汽缸全容积与燃烧室容积的比值。

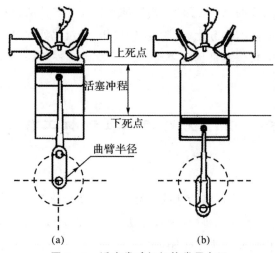

图 3-9　活塞发动机机构常用名词

知识点 3.9:四行程发动机工作过程

在四行程活塞式发动机中,每完成一个循环,活塞在上死点与下死点之间往返两次,连续地移动了进气行程、压缩行程、膨胀行程(又称工作行程)和排气 4 个行程。图 3-10 所示为活塞式发动机的工作行程。

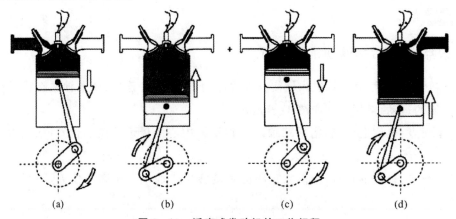

图 3-10　活塞式发动机的工作行程
(a)进气行程;(b)压缩行程;(c)膨胀行程;(d)排气行程

1.进气行程

进气行程的作用是使汽缸内充满新鲜混合气。进气行程开始时,活塞位于上死点,进气门打开,排气门关闭。活塞在曲轴的带动下,由上死点向下死点运动,汽缸容积不断增大,新鲜混合气被吸入汽缸,如图 3-10(a)所示。曲轴转动半圈(180°),活塞到达下死点,进气门关闭,进气行程结束。

2.压缩行程

压缩行程的作用是对汽缸内的新鲜混合气进行压缩,为混合气燃烧后膨胀做功创造条件。压缩行程开始时,活塞位于下死点,进、排气门关闭。活塞在曲轴的带动下,由下死点向上运动,汽缸容积不断缩小,混合气受到压缩,如图 3 - 10(b)所示,气体的温度和压力不断升高。当曲轴旋转半圈,活塞到达上死点时,压缩行程结束。理论上,在压缩行程结束的一瞬间,电火花将混合气点燃并完全燃烧,放出热能,气体压力和温度急剧升高。活塞式发动机的压缩比为 5～8,压缩比越大,发动机效率越高。

压缩比表示了气体在汽缸内受压缩的程度。当充填量相同时,压缩比越大,气体在汽缸内被压缩得越厉害,压缩终了时,气体的压力和温度提高得越高,气体燃烧得更快,从而使燃气膨胀所做的功增加。同时,由于燃烧室容积相对减小。因此,经壁散失的热量也相对减小。因此,压缩比增大时,发动机的功率增加,经济性提高。

3.膨胀行程

膨胀行程的作用是使燃料的热能转换为机械能。膨胀行程开始时,活塞位于上死点,进、排气活门关闭着。燃烧后的高温、高压燃气猛烈膨胀,推动活塞,使活塞从上死点向下死点运动,如图 3 - 10(c)所示。这样,燃气对活塞便做了功。在膨胀行程中,汽缸容积不断增大,燃气的压力、温度不断降低,热能不断地转换为机械能。当活塞到达下死点时,曲轴旋转了半圈,膨胀行程结束,燃气也变成了废气。

燃烧过程是指混合气体在汽缸内燃烧放热的过程。混合气燃烧的作用在于使燃料发出所含的热能,提高气体的温度和压力,以便气体膨胀,推动活塞作功。燃烧的 3 个阶段如下:

(1)从电嘴产生火花开始,到气体压力开始显著增大时结束;

(2)从气体压力开始显著增大时起,到气体压力达到最大值时为止;

(3)从气体压力为最大值时起,到全部混合气烧完时为止。

4.排气行程

排气行程从排气门打开时开始,到排气门关闭时结束,它是指膨胀作功后的废气从汽缸排出的过程。排气行程的作用是清除汽缸中的废气,以便使新鲜的混合气进入汽缸,汽缸中的废气排除得越多,充填量就越大,发动机的功率就越高。排气行程开始时,活塞位于下死点,排气门打开,进气门仍关闭着。活塞被曲轴带动,由下死点向上死点运动,废气被排出汽缸,如图 3 - 10(d)所示。曲轴转了半圈,活塞到达上死点,排气行程结束,排气门关闭。

排气行程结束后,又重复进行进气行程、压缩行程、膨胀行程和排气行程,航空活塞式发动机就是这样周而复始地往复运动的。从进气行程开始到排气行程结束,活塞运动了 4 个行程,完成了一个工作循环。一个循环结束后又接着下一个循环,热能不断地转变为机械能,发动机连续不断地工作。因此,活塞式发动机每完成一个工作循环,曲轴转动两圈($4×180°=720°$),进、排气门各开关一次,点火一次,气体膨胀做功一次。然而,各汽缸内同样的行程(如各个汽缸内的膨胀行程)并非同时进行,而是按一定的次序均匀错开的。各个汽缸的点火也是一样,按相同的次序均匀错开。这样安排,可以保证活塞推动曲轴的力量比较均匀,发动机的运转较为平稳。

活塞在 4 个行程运动中,只有膨胀行程获得机械功,其余 3 个行程都要消耗一部分功,消耗的这部分功比膨胀得到的功小得多。因此,从获得的功中扣除消耗的那部分功,所剩下的功仍然很大,用于带动附件和螺旋桨转动。

知识点 3.10:二冲程发动机工作过程

从结构上来看,二行程活塞发动机在汽缸壁上有进气口、排气口和换气口,分别对应图 3-11 中的 1,2,3。

二行程活塞发动机的工作仍包括进气、压缩、燃烧膨胀和排气 4 个过程,这 4 个过程在两个行程中完成,即在膨胀行程后期至压缩行程前期完成排气和进气过程。

1.第一行程:活塞由下死点运动至上死点

随着活塞的上行,曲轴箱容积增大,形成一定真空度,如图 3-11(a)所示。当活塞上行到进气口露出时,新鲜混合气被吸入曲轴箱内。同时,前一循环中吸入汽缸中的混合气被压缩,如图 3-11(b)所示。当活塞到达上死点附近时,火花塞开始点火。

2.第二行程:活塞由上死点运动至下死点

汽缸内发生燃烧后,气体膨胀使得汽缸内的压力增大,推动活塞下行。此时,进气口被活塞关闭,先前被吸入曲轴箱的混合气受到压缩,如图 3-11(c)所示。当活塞下行至排气口露出时,汽缸内的废气可由排气口排出至大气中。同时,排气口对面的换气口露出,曲轴箱内被压缩的混合气便经换气口进入汽缸内,如图 3-11(d)所示。

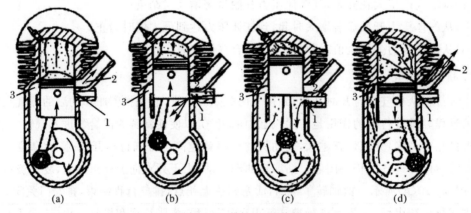

1—进气口;2—排气口;3—换气口

图 3-11 二行程活塞发动机的工作过程

(a)压缩过程;(b)进气过程;(c)膨胀过程;(d)排气过程

二行程发动机的构造简单,曲轴每转过一周就有一个做功的行程,而四行程发动机则每转两周才有一个做功的行程。理论上,若二者在膨胀的过程做功相同,则二行程发动机的功率为四行程发动机功率的两倍。但二行程发动机的做功行程并不如相应的四行程发动机有效,因为它燃烧前的混合气内混合有大量的废气,且有一部分新鲜的混合气未经燃烧即由排气口排出,难以避免扫气过程(进、排气重叠期成为扫气期)的废气排出损失,导致油耗高,很不经济。

二行程活塞发动机热效率低,冷却和润滑困难,但其结构简单,重量较小,运动部件少,维护方便,升功率密度大,能够达到某些超轻型飞机特别是低空短航时无人机的要求,在此类无人机中有所应用。

知识点 3.11:转子发动机工作过程

振动是导致无人机系统可靠性降低的主要原因,如果活塞发动机的往复式运动和周期性冲程能以某种方式缓解,振动就会直接减弱。为解决这个问题,可以采用转子发动机,三角转子发动机结构,如图 3-12 所示。

图 3-12　三角转子发动机结构

转子发动机在结构上与往复式活塞发动机有着根本的区别,但就工作原理而言,它与往复机是类同的,转子发动机的循环过程如图 3-13 所示。转子发动机是一种异型活塞发动机,活塞以转动为主而非一般发动机的平动。以带有双凸轮三边形定子的旋转为基础,转子在定子内旋转从而使 3 个顶点与定子保持连续接触,定子呈外旋轮线。活塞在汽缸内转过一周后,被活塞分割成的 3 个腔各自完成了吸气、压缩点火、燃烧膨胀、排气 4 个过程,即活塞转过一周后发动机做功 3 次。

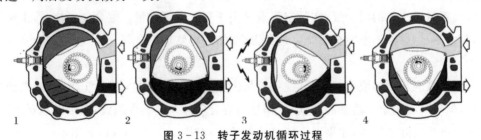

1　　　　　　2　　　　　　3　　　　　　4

图 3-13　转子发动机循环过程

任务 3.3　活塞发动机的不正常燃烧

▶任务描述

油气混合物在汽缸中可能存在不正常燃烧,混合气的不正常燃烧是指可能造成破坏发动机正常工作的某些燃烧现象,如过贫油、过富油燃烧、早燃和爆震等。这些不正常燃烧现象的发生,不但降低发动机的功率和经济性,严重时还会损坏机件,甚至造成事故。因此,研究燃烧过程,还必须了解混合气的不正常燃烧现象,分析其产生的原因,找出预防的方法。

▶学习目标

(1)理解贫油和富油燃烧的概念;

(2)结合发动机工作过程和表象,分析过分贫油燃烧的机理和危害;

(3)结合发动机工作过程和表象,分析过分富油燃烧的机理和危害;

(4)掌握发动机早燃的工作现象、机理及危害;

(5)掌握发动机爆震的工作现象、机理及危害。

▶任务学习

知识点 3.12:过贫油和过富油燃烧

混合气的燃烧,就是燃油与空气中的氧气发生剧烈的发光、发热的化学反应。要使混合气中的燃油完全燃烧,混合气中的空气重量必须适当。因为一定重量的燃油只有与适当重量的空气混合,才能从空气中获得完全燃烧所需要的足够氧气。

1 kg 燃油完全燃烧所需要的最少空气量,叫作理论空气量,用 L_0 表示。理论计算得知,航空汽油的理论空气重量约为 15 kg。发动机工作时,同 1 kg 燃油混合的空气重量不一定等于理论空气重量,实际上同 1 kg 燃油混合的空气重量,叫作实际空气重量,用 L 表示。

实际空气重量与理论空气重量的比值,叫作余气系数,用 α_B 表示,即

$$\alpha_B = \frac{L}{L_0} \qquad (3-1)$$

由式(3-1)可以看出,余气系数等于 1 的混合气,实际空气重量正好等于理论空气重量,混合气燃烧时,燃油能够完全燃烧,氧气也没有剩余。这种混合气,叫作理论混合气。

余气系数小于 1 的混合气,实际空气重量小于理论空气重量。混合气燃烧时,由于燃油富余,氧气不足,燃油不能完全燃烧。这种混合气,叫作富油混合气。余气系数越小,混合气越富油。

余气系数大于 1 的混合气,实际空气重量大于理论空气重量,混合气燃烧时,燃油能完全燃烧,但氧气有剩余。这种混合气,叫作贫油混合气。余气系数越大,混合气越贫油。

发动机在实际使用中,如果混合气过分贫油(一般指 $\alpha_B > 1.1$)或过分富油(一般指 $\alpha_B < 0.6$),由于混合气中不是燃料过少、空气过多,就是空气过少、燃料过多,所以火焰传播速度小,每千克混合气燃烧后发热量也都少,就会产生不正常的燃烧现象,从而对发动机造成损害。

1.过分贫油燃烧的工作现象和危害

(1)发动机功率减小,汽缸头温度降低。混合气过分贫油燃烧时,每千克混合气燃烧后发出的热量少,燃气最大压力减小,而且火焰传播速度小,燃气最大压力出现得晚,因此燃气膨胀所做的功减小,经济性变差。同时,由于燃气温度降低,因此汽缸头温度降低。

(2)排气管发出短促而尖锐的声音。由于火焰传播速度小,燃烧过程延续时间长,一部分混合气在排气过程中尚在燃烧,流过排气管时便会发出短促而尖锐的声音。如果在夜间,还可以看到排气管口冒出脉动的淡红色(或淡黄色)的火舌,这表示混合气流出排气管时还在燃烧。

(3)汽化器回火。汽化器式发动机,混合气过分贫油燃烧时,火焰传播速度减小,燃烧过程延续时间增长,汽缸内一小部分混合气在排气过程后期,进气门已经打开时,还在继续燃烧,下一工作循环进入汽缸的新鲜混合气就会被残余的火焰点燃。如果此时的火焰传播速度大于进气管内气流速度,火焰就有可能窜入进气管,沿管路一直烧到汽化器。这种现象,叫作汽化器回火,严重时可能造成火灾。

发动机在低温条件下起动时,由于大气温度低,燃油不易汽化,混合气容易过分贫油,加之此时发动机转速小,进气管内气体流速也小。在这种情况下,火焰传播速度容易大于气体流速,发生汽化器回火。为于防止这种现象的发生,起动时应注意不使混合气过分贫油。

混合气过分富油燃烧时,虽然火焰传播速度也较小,从进气门进入汽缸的新鲜混合气也有被残余火焰点燃的可能性。但是,燃气温度比较低,此时的火焰传播速度要更小一些,一般说来,火焰传播速度不大可能大于进气管内的气体流速,因此混合气过分富油燃烧时,不容易发生汽化器回火。

(4)发动机振动。发动机工作时,汽缸内的空气和燃油是不可能混合得绝对均匀的。同样,在过分贫油的混合气中,各部分贫油的程度也不可能完全一致,有些部分可能十分贫油,而有些部分则可能稍微贫油。如果在某一个工作循环中,靠近电嘴的混合气的贫油程度严重,那么火焰传播速度很小,燃烧后气体的压力很小,或者根本未曾着火;另一个工作循环中,靠近电嘴的混合气的贫油程度就可能不太严重,燃烧后气体的压力较大。由于各个工作循环中混合气燃烧后的压力大小悬殊,所以发动机工作不均匀,发生振动。

2. 过分富油燃烧的工作现象和危害

(1)发动机功率减小,汽缸头温度降低。和混合气过分贫油燃烧类似,燃料不能完全燃烧,燃气膨胀所做的功减小,经济性变差。同时,由于燃气温度降低,加之过分富油混合气中所含的燃油,汽化吸收的热量增多,都会使汽缸头温度降低。

(2)汽缸内部积碳。混合气过分富油时,燃油中的碳不能烧尽,一部分残余的碳就会积聚在活塞顶、汽缸壁、电嘴和气门等处。这种现象叫作积碳。活塞顶和汽缸壁上积碳的地方,导热性变差,散热不良,会造成这些机件局部过热;电嘴上积碳,还会使其产生的电火花的能量减弱,甚至使电嘴不能跳火;气门上积碳,则可能使气门关闭不严,以致漏气,甚至引起燃气烧坏气门。所有这些问题,都会使发动机功率减小,经济性变差,严重时还会发生危害性更大的故障。

(3)排气管冒黑烟和"放炮"。过分富油的混合气燃烧不完全,废气中含有大量未燃的或正在燃烧的碳,所以从排气管排出的废气中带有浓密的黑烟,在夜间还可以看到排气管口排出长而红的火舌。废气中剩余的可燃物质,在排气管口与外界空气相遇,还会复燃,产生一种类似放炮的声音,叫作排气管"放炮"。

猛收节风门时,空气量骤然减小,而供油量却来不及立刻随之相应地减少,因而容易使混合气瞬时过分富油,而发生排气管"放炮"的现象。如果柔和地收节风门,就可防止这种现象的发生。

(4)发动机振动。混合气过分富油时,由于空气与燃油也不能混合得绝对均匀,各个循环中靠近电嘴的混合气富油程度不完全一致,混合气燃烧后压力大小不等,发动机也会发生振动现象。

知识点 3.13:早燃

压缩过程中,如果在电嘴跳火花以前,混合气温度已达到着火温度,混合气就要自行燃烧。这种发生在点火以前的自燃现象叫早燃。

(1)早燃发生后会使发动机的功率减小,经济性变差,产生强烈的振动,甚至造成曲轴倒转而损坏机件。引起早燃的原因主要是汽缸头温度过高、汽缸内炽热的积碳造成的。因此,为防止早燃的发生,发动机工作时,应随时保持汽缸头温度为正常值,并尽量避免过富油燃烧的发生。

(2)从早燃发生的特点来看,对于刚停车的热发动机,不能随意扳动其螺旋桨。因为这时发动机汽缸头温度还很高,如果扳动螺旋桨,那么混合气受压缩可能发生早燃,使螺旋桨转动起来,有伤人的危险。

知识点 3.14:爆震

在一定的条件下,汽缸内混合气的正常燃烧遭到破坏,在未燃混合气的局部地区出现具有爆炸性的燃烧现象,叫作爆震燃烧,简称爆震。

(1)爆震产生的根本原因是汽缸内局部未燃混合气在火焰前锋到达以前,其中已形成了大量化学性质活泼的过氧化物。而发动机实际工作中,当进气压力、进气温度过高、汽缸头温度过高或转速过小时最容易发生爆震。

(2)爆震发生后,汽缸内局部温度急剧升高,不但会使活塞、气门及电嘴等机件过热或者烧损,还会使燃油中游离出净碳,使排气总管冒黑烟,造成发动机转速下降,功率减小,经济性变差。同时,爆震时产生的冲击波作用在活塞上,使曲轴机构受冲击负荷,发动机振动,机件易于损坏,严重地危及飞行安全。

单 元 小 结

本单元介绍了航空活塞发动机的分类、二行程和四行程活塞发动机以及转子发动机的工作原理,分析了活塞发动机几种不正常燃烧的致因和危害。重点是结合发动机的工作过程和工作表象,分析不正常燃烧的机理及危害,为特情处置打下基础。

单元作业题

1. 说明四行程中每个行程的作用及其工作过程。
2. 简述二行程活塞发动机的工作过程。
3. 结合发动机工作过程和表象,分析过贫油燃烧的机理和危害。
4. 结合发动机工作过程和表象,分析过富油燃烧的机理和危害。
5. 分析发动机发生早燃的原因、表象及危害。

第 4 单元 航空活塞发动机构造

航空活塞式发动机的主要机件包括汽缸、活塞、连杆、曲轴、气门机构、机匣和传动部件等。这些机件的相互位置关系见图 3-3。航空活塞式发动机不但要具备上述的主要部件，而且还必须有许多附件相配合，才能够进行工作。发动机的附件分属于几个工作系统，每个工作系统担负发动机工作中的一个方面的任务。航空活塞式发动机除本体外，一般都包括燃油、滑油、进排气、点火、冷却、起动等工作系统。

任务 4.1 发动机本体

▶任务描述

活塞发动机的本体主要包括汽缸、活塞、连杆、曲轴、机匣、气门机构和传动部件等，是保证发动机正常工作的核心部件，在发动机工作过程中承受了很大的载荷，因此对其强度和刚度的要求都很高。

▶学习目标

(1)了解汽缸工作时的受力情况，熟悉汽缸的结构组成；

(2)熟悉活塞组件的结构组成及功能作用；

(3)熟悉连杆、曲轴、减速器等传动机构的结构组成及功能作用；

(4)熟悉气门机构的结构组成，掌握其工作原理。

▶任务学习

知识点 4.1:汽缸活塞组件

汽缸活塞组件包括汽缸、活塞、活塞销和涨圈等四部分。

1.汽缸

(1)汽缸的工作条件。汽缸呈圆筒形，固定在机匣上；汽缸内壁是燃烧室的组成部分，在发动机工作时,汽油和空气的混合物在燃烧室中被点火燃烧变为高温、高压燃气,通过燃气膨胀使热能转变为机械能。

发动机工作时,汽缸内作用有很大的机械负荷和热负荷,作用在汽缸活塞组件的各个机件上的力,主要是混合气燃烧后的压力。当燃料在汽缸内燃烧时,放出大量的热,使汽缸、活塞等机件受热。温度最高的部位是汽缸头部内表面,其燃气温度可达 2 500 ℃,而且还很不均匀,在靠近进气门的地方,由于新鲜混合气吸收了部分热量,其温度比排气门附近低;由于燃气膨胀做功,温度不断降低,汽缸身的温度比汽缸头低,汽缸身下部的温度又比上部的温度低。汽缸各部分的温差可达 220 ℃,给汽缸带来较大的热负荷。

由于汽缸身的上部比下部温度高,将使汽缸身上部的膨胀比下部的膨胀大而产生锥形变形。因此汽缸的间隙和涨圈的开口间隙,在活塞靠近上死点位置时都将增大,造成汽缸活塞组件各机件的工作条件变差。为了消除这种受热不均匀,使汽缸工作不受影响,在发动机的制造过程中,采用了收缩变形的汽缸。另外,由于汽缸各部分受热不均匀,必然导致各部分膨胀不一致,容易引起汽缸头裂纹、翘曲等故障的产生。因此,在使用过程中要严防汽缸头部温度过高和温度的急剧变化。

(2)汽缸的构造。汽缸由汽缸头和汽缸身两部分组成,如图 4 - 1 所示。

汽缸头的外部有散热片,内部呈现半球形,由具有良好导热性的铝合金铸成。汽缸头部一般有两个摇臂室,分别安装进气门组件和排气门组件。汽缸头部周围装有散热片,排气门周围的散热片比进气门周围的散热片面积大,可使汽缸头部的温差减小。汽缸头上进、排气门的附近开有电嘴的安装孔。

汽缸身由特种钢制成,中部有散热片,下边有安装边,安装边上有固定汽缸用的螺桩孔。汽缸头和汽缸身是用螺纹连接的,为了增加结合紧度,汽缸头的螺纹直径比汽缸身的稍小。连接时,将汽缸头部加热到 300～320℃,使其膨胀后拧到汽缸身上,这样当汽缸头冷却后直径缩小,使汽缸头和汽缸身紧密结合在一起。同时,汽缸身被迫收缩成圆锥形,当发动机工作时,由于汽缸身上部受热比下部高,而且膨胀较多,汽缸身又变成圆柱形。用这种方法结合的汽缸,在汽缸身下面的两片散热片比其他散热片低。

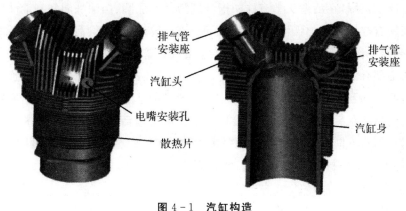

排气管安装座
汽缸头
电嘴安装孔
散热片
排气管安装座
汽缸身

图 4 - 1　汽缸构造

2.活塞组件

(1)活塞的工作条件。活塞的作用是承受汽缸内燃气的压力,并把这个力经过连杆传递给曲轴,使曲轴旋转做功,同时也用来密封汽缸。在工作中,活塞承受很大的热负荷和机械负荷。

由于活塞直接面对高温燃气,且活塞的冷却困难,它的工作温度要比汽缸高得多。热量从活塞传出有3条途径:①经涨圈、活塞裙及活塞与汽缸壁间的滑油层传出;②从活塞内表面传给机匣内的空气和泼溅的滑油;③从活塞顶面传给汽缸的新鲜混合气。但总的散热效果都不好,活塞各部分受热不均,活塞内易产生热应力。

除了热负荷外,活塞还承受很大的气体力及往复运动机件惯性力。任何物体做加速运动时,都会产生与运动方向相反的惯性力;物体做减速运动时,必然产生运动方向相同的惯性力。活塞在汽缸内做往复运动时,它的运动方向和速度经常发生变化。因此,活塞在运动中也会产生很大的惯性力。

(2)活塞的构造。活塞组件主要由活塞、涨圈和活塞销等三部分组成,如图4-2所示。

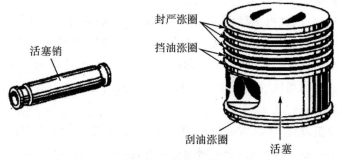

图4-2 活塞组件

活塞是由铝合金锻件加工制成,其结构分为活塞顶、活塞头和活塞裙三部分。大多数的活塞顶为平顶,它具有易于加工、受力均匀、强度高、顶部吸热面积小等特点。活塞顶因承受燃气压力,所以比较厚。在活塞顶上有两个凹槽,以防止与气门相碰撞;活塞头是活塞顶到活塞销孔的高度范围,在活塞头上有涨圈槽分别为封严涨圈、挡油涨圈和刮油涨圈槽。在刮油涨圈槽底钻有空。为了加强活塞头部的强度,该处设计得较厚;活塞裙是指活塞头的下部区域,主要起导向作用,并将活塞的侧压力传递给汽缸壁,全部的长度由侧压力的大小决定。在活塞裙的上部有活塞销孔,为增强销孔的强度,在销孔的内端沿孔的周围有加强筋。

因为活塞顶部到活塞裙的温度逐渐下降,其膨胀量是上大下小。所以,活塞制成上小下大的锥形。受热膨胀后,活塞上下直径接近一致。由于沿活塞销孔方向金属多垂直于销孔方向,加之,在销孔方向受力较大,活塞在高温下工作时,就会变成椭圆形,其长轴在销孔方向。因此,将活塞预先制成椭圆形,其长轴垂直于活塞销孔,这样,工作时活塞就接近于圆形,以保证活塞周围间隙均匀。

(3)活塞销与涨圈。活塞销连接活塞和连杆,承受活塞往复运动时的惯性力和气体力,并且传递给连杆。活塞销由合金钢管材加工而成,表面进行了硬化和研磨。活塞销是全浮动式,它可以在活塞和连杆轴承中间自由转动,具有磨损均匀、构造简单、安装方便、使用寿命长的特点。活塞销安装好后,两端用铝塞塞住,避免销头划伤汽缸内壁。活塞销采用泼溅润滑,活塞销堵头上有通气孔,用以防止活塞销内腔里面的压力增大。

涨圈装在活塞的涨圈槽内,借本身的弹力,紧压在汽缸内壁上。活塞涨圈的作用是:防止混合气或者高温燃气漏入机匣,并阻止机匣内的滑油进入汽缸。一般情况下,涨圈分为封严涨圈和刮油涨圈两类。封严涨圈装在活塞头的封严涨圈槽内,防止高压气体从汽缸进入机匣,同时活塞顶部吸收的热量通过它传给汽缸壁。刮油涨圈装在活塞头下部的刮油涨圈槽内,使滑油分布于汽缸壁,以减少活塞与汽缸壁的磨损,同时将多余的滑油刮下,流回机匣,避免滑油进入汽缸内部。

涨圈在高温、高压下工作,润滑比较困难,由于气体力的原因,活塞的运动速度和方向处于急剧变化的状态,不仅涨圈的外表面容易受到严重磨损,而且端面还要受到冲击负荷。因此,涨圈要求有很高的强度和足够的耐磨性。大多数涨圈都是由高级铸铁铸造的,制成后,将其研磨到所设计的型面。有些发动机的活塞顶部涨圈是由低碳钢加表面镀铬制成的,以提高其承受高温的能力。

知识点 4.2:传动机构

1.连杆

连杆的作用是将活塞与曲轴连接起来,将活塞的往复直线运动转变为曲轴的旋转运动。连杆必须有足够的强度,以便在承受负荷时能保持刚性。连杆必须很轻,以便当连杆和活塞停止运动、改变方向及从每个行程的死点再次开始运动时减少惯性力。

连杆从结构上分为单杆式连杆、交叉式连杆和主副式连杆。

(1)单杆式连杆。单杆式连杆主要用在直列型和水平对置型发动机上,分为小头、杆身和大头三部分,如图 4-3 所示。小头绕活塞销摆动;大头绕连杆轴颈转动;整个连杆又做往复运动。在直列形和水平对置形的汽缸中,各连杆的运动是一致的。

(2)交叉式连杆。交叉式连杆是将单杆式连杆以交叉一定角度安装在同一曲柄上,如图 4-4 所示,所用的曲柄与普通单杆式连杆所用的曲柄相同。交叉式连杆用在 V 形发动机上,叉片在曲柄端是分开的,以给片杆留出空间,使片杆安装在两个叉尖之间。

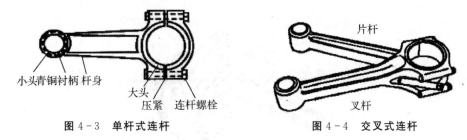

图 4-3　单杆式连杆　　　　　　　图 4-4　交叉式连杆

(3)主副式连杆。星型发动机上通常用主副式连杆机构。每一排中有一个汽缸的活塞通过主连杆与曲轴连接,其他汽缸的活塞通过副连杆连接到主连杆上,如图 4-5、图 4-6 所示。

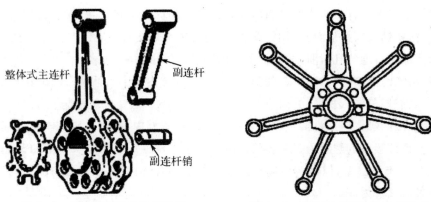

图 4-5　星形活塞发动机主连杆　　　　图 4-6　星形活塞发动机连杆组成

主连杆是活塞销与曲柄销的连接杆件。曲柄销端称为大端,容纳曲柄销或主连杆轴承端周围的凸缘供副连杆连接到主连杆上。活塞销端称为活塞端,又叫小端,与汽缸中的活塞相连。装配时,副连杆销被压入连杆的孔内,一个滑动轴承安装在主连杆的活塞端,以便装入活塞销。

2. 曲轴

曲轴是发动机的主要部件,将活塞和连杆的往复直线运动转变为旋转运动,使螺旋桨和附件转动,是活塞发动机受力最大的部件。因此,曲轴的强度和刚度比较大,通常是由高强度合金钢锻造而成的。

(1)曲轴是一个包括有一个或者多个曲柄的轴,这些轴沿长度方向位于规定的位置。曲轴的形式随发动机汽缸数目及排列的方法而不同。图 4-7 所示为星形发动机的单曲柄曲轴,主要包括轴颈、曲臂和曲颈。轴颈被主轴承所支撑,在主轴承中旋转。曲颈用来安装连杆,它与主轴颈偏心。两个曲臂和一个曲颈构成一个完整的曲柄。由于外表面用渗氮的方法进行了强化,增加了表面的抗磨损性。曲颈通常是空心的,这不但可以减轻曲轴的重量,而且为润滑油提供了通道。空心的曲颈也是一个收集淤泥、积碳和其他杂质的空腔。在一些发动机上,在曲臂上钻上油路,使润滑油能从空心的曲轴中传过来甩到汽缸壁上。曲臂将曲颈和主轴颈连接起来。有些发动机的曲臂伸过轴颈,而且装上平衡块来平衡曲轴。曲臂必须有很高的强度以获得曲颈和主轴颈之间所需的刚度。

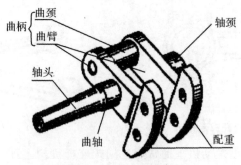

图 4-7　单曲柄曲轴

(2)四行程发动机曲轴每转两周才产生一次动力,所以加在曲轴上的力并非是均匀的,而是间断的。同时各汽缸中的活塞及连接的部分时而加速时而减速,容易导致曲轴旋转的振动。为了使曲轴旋转稳定,在曲拐的对面都安装有配重,一般是在曲臂的对面延长一部分装一块较重的金属。当曲轴旋转时,此配重可发生摆动。因四行程发动机对曲轴所加的扭力有一定的周期性,这种具有一定频率的加力如果同曲轴本身的自然振动频率相同,将会产生共振,使曲轴进入极为危险的振动中。而安装配重后,在一定时候它由曲轴上吸入能量,在另外的时候再放出,可以消除一部分振动。此配重的重量越重,制振的效果也越好。

3.减速器

发动机输出功率的大小,一般取决于发动机的转速(或者说单位时间内汽缸的做功次数),转速越高,产生的功率越大。但是螺旋桨叶尖的速度不得接近或超过声速,如果叶尖速度接近或者超过声速,那么螺旋桨效率就会大大下降,同时拉力也会迅速下降。因此,在功率较大的航空活塞式发动机上,需要安装减速器来限制螺旋桨的转速,使螺旋桨可以有效地工作。一般情况下,用减速器将螺旋桨的转速降到 2 000 r/min 左右。

常用的减速齿轮系有定轴齿轮系和行星齿轮系。

图 4-8 所示为定轴齿轮系减速器。该减速器的优点是重量轻、结构简单,不足之处是扭矩传递小,多用在直列形和 V 形排列的小功率发动机上。

图 4-9 所示为行星齿轮系减速器。该减速器的主动齿轮叫太阳齿轮,与发动机曲轴相连,螺旋桨轴连接到与一组小的行星齿轮相连的行星架上,行星齿轮同时与太阳齿轮和固定齿轮相啮合,固定齿轮用螺栓安装在前机匣内。当发动机工作时,在太阳齿轮(曲轴)的带动下,行星齿轮同时绕固定齿轮公转和自转。行星架的转速(即螺旋桨的转速)就是行星齿轮自转的转速,比主动齿轮(即发动机曲轴)的转速小,从而达到减速的目的。行星齿轮系减速器的优点是扭矩传递大,可靠性高;缺点是结构复杂,自重大,一般用在大功率的发动机上。

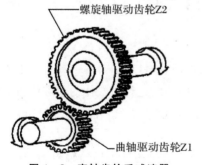

图 4-8　定轴齿轮系减速器

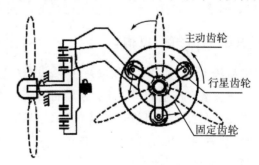

图 4-9　行星齿轮系减速器

4.机匣

(1)机匣的工作条件。机匣是发动机的壳体,它除了用来安装汽缸和支撑曲轴外,还将发动机的所有机件连接起来,构成一台完整的发动机。整台发动机通过机匣固定在发动机架上,螺旋桨的拉力也通过机匣传至发动机架。各附件和传动装置也装在机匣上,机匣本身还是一个润滑油的储油器,必须为存储润滑油提供严密的密封装置。

机匣还要承受各种力,特别是作用在机匣上面的振动力和各种周期性应力。因为汽缸固定在曲轴机匣上,而活塞工作时所产生的力的趋势是将汽缸从机匣上拔出来。因此,机匣必须要将汽缸牢固地固定在机匣上面。另外,曲轴在进行旋转工作时,其主要作用是平衡活塞产生的力,如果有一些未被曲轴平衡的离心力和惯性力,它们必然就作用在机匣上面。而这些力基本上是以弯矩的形式作用在机匣上,同时这些弯矩的大小和方向又都是连续变化的,所以机匣要有足够的刚度来承受这些弯矩。如果发动机前面装有螺旋桨减速器的话,那么机匣还要承受由减速器传递过来的力和扭矩;同时螺旋桨产生的拉力也是通过机匣传递到无人机上面的,所有这些力和由这个力所产生的附加力也是作用在机匣上面的。

(2)机匣的构造。机匣的构造与汽缸的数目和排列形式有关。直立形及 V 形发动机的机匣多由两部分组成,图 4 - 10 所示为某 V 形发动机的机匣。

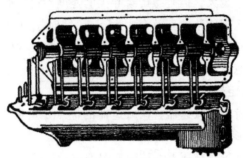

图 4 - 10 V 形发动机的机匣

位于上面与汽缸相连接的部分叫作上机匣,位于下面承受着全部发动机重量的部分叫作下机匣。在液冷式发动机上,有时上机匣会同汽缸体铸成一体。上、下机匣的连接有用长螺栓连接的,也有用预先在机匣接头处凸缘布置的螺栓组连接。曲轴、凸轮轴及一切转轴的轴承座都预先铸在机匣的腹板上,因为曲轴是一个整体而且又弯曲不直,轴承不能直接套上,所以其轴承被分为两半,一半在上机匣上,一半在下机匣上。

知识点 4.3:气门机构

气门机构由进气门、排气门以及凸轮盘(凸轮轴)、推筒、推杆和摇臂等传动机件组成,这些机件分别安装在汽缸和机匣上。发动机运转时,汽缸内不断进行着气体的新陈代谢,气门机构的作用就是控制气门的开启和关闭,以保证新鲜混合气(或空气)在适当的时机进入汽缸,燃烧做功后的废气适时地从汽缸排出。

(1)在汽缸进气门和排气门中,都安装了一个活门,这活门的开关用曲轴带动的凸轮盘或者凸轮轴控制,方能得到理想的开闭时刻,配合各个行程的工作。

气门在汽缸上安装的位置不同,使得推动气门的机构各有不同。在Ⅰ型汽缸上,气门都是装在汽缸头的上部,需要有向下的推力或者向上的提升力,方能使它打开,这种气门工作机构叫作提动式气门。因Ⅰ型汽缸的重量轻,燃烧效率高,所以一般的航空活塞式发动机都采用Ⅰ型汽缸,其气门工作机构皆为提动式,图 4 - 11 所示为两个典型的例子。

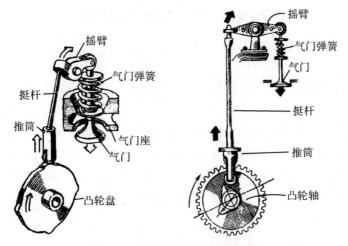

图 4 - 11　提动式气门工作机构

(a)由凸轮盘带动;(b)由凸轮轴带动

(2)虽然不同发动机的气门机构有所不同,但主要的组成部分是一样的。图 4 - 11(a)所示为典型的航空活塞式发动机的气门机构。由图可以看出,气门机构由凸轮盘、挺杆、挺杆导套、推杆、推杆套、锁紧螺丝、气门摇臂、气门、气门座、气门弹簧和气门导套等组成。其工作过程是:当凸轮盘转动时,凸起部分顶着一个凸轮滚轮或随动轮工作,凸轮滚轮依次推动挺杆和推杆,推杆又作用于摇臂,压缩气门弹簧使气门打开;当凸轮滚轮和挺杆沿着凸轮盘较低的部分滚动时,气门在弹簧张力的作用下关闭,摇臂和挺杆也恢复到原来的位置。

(3)气门的形状如一个有平顶的菌子,分为气门杆和气门头两部分。气门杆是在气门筒中作上下运动的部分,它的上部有圆槽,可装置销瓣或销环,使气门弹簧固定在气门上。气门头的四周做成平均的斜面,以便与汽缸上的气门座相贴合,而在开闭时不致漏气。气门杆装在一个由抗磨合金制成的气门筒中。

气门弹簧用于在气门未被推动开放的时候,保持气门面与气门座的紧密吻合。每个气门都装有 2 个或者 3 个同心螺旋状的弹簧,这些弹簧的缠绕方向是彼此相反的,因为气门的开闭时间很快,弹簧受到的冲击作用很大,容易损坏。用多个弹簧可以保证在一个损坏后,另一个仍可以工作。弹簧反向缠绕,可以防止纠缠,还可以平衡气门杆上的旁推力,以减少气门筒的磨损。

(4)凸轮轴或者凸轮盘的主要作用是,在适当的时候将气门顶开。直立形及 V 形发动机采用的是凸轮轴,星型发动机则采用凸轮盘。

当凸轮并非位于气门杆顶时,必须借用机械的传力机构,将凸轮的动作传至气门上。摇臂位于气门杆上,一端压在气门杆顶上,另一端与挺杆连接着,中间安装有轴承,它的支持轴固定在汽缸头上。当摇臂被挺杆顶起时,它的前端下压,将气门打开。当挺杆的推力消失之后,在气门弹簧的作用力下又将摇臂顶回去,所以在发动机工作时,此臂不停地上下摇动,故称为摇臂。

任务4.2　进排气系统

▶**任务描述**

发动机进排气系统的功能是保证供给发动机正常工作所需的一定压力和温度的清洁空气,并排出废气。

发动机进气系统主要由进气道组件、空气盒和进气管路等组成,清洁空气通过进气道组件的引导,流经空气滤、压气机和空气盒,进入汽化器,之后通过气门机构进入汽缸。

发动机排气系统主要由排气歧管、排气总管、消声器等组成。发动机燃烧后的废气通过排气歧管及排气总管引导进入涡轮增压器涡轮进口,通过消声器排出短舱外。

▶**学习目标**

(1)熟悉进排气系统的结构组成及功能作用;

(2)熟悉内增压的工作原理;

(3)掌握废气涡轮增压系统的工作原理;

(4)掌握空气盒中三类传感器采集参数的物理意义及对发动机工作的影响。

▶**任务学习**

知识点 4.4:进气道组件

空气滤与进气道组合为进气道组件,安装在发动机进气口处。进气道可以调节进入发动机空气的流向,提高发动机工作效率;空气滤用于过滤掉空气中的杂质和水分,因此空气滤需要定期清洁更换,其外形如图 4-12 所示。

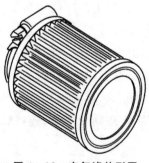

图 4-12　空气滤外形图

知识点 4.5:增压系统

发动机所产生的功率与其所吸入的空气量有十分密切的关系,但吸入的空气量是由汽缸的大小和数目决定的,是一个固定的数值。曲轴的转速由节风门开启的大小位置而定,但空气的密度随着飞行高度的增加而减小。因此,发动机功率的输出,是与空气密度成正比的。发动机功率随高度或空气密度改变的情形见表 4-1。

表 4 - 1 活塞发动机功率随高度的改变

高度/m	大气压/atm	密度/(%)	功率/(%)
0	1.00	100	100
1 200	0.86	88	88.0
2 400	0.74	78.5	76.6
3 000	0.69	73.3	71.2
3600	0.64	69.3	66.0
4 200	0.59	65.5	61.4
4 800	0.55	61.7	57.2
5 500	0.51	58.1	52.9
6 100	0.47	54.5	48.8
6 700	0.44	51.5	45.0
7 300	0.41	48.5	41.3
8 000	0.38	45.8	38.0
8 500	0.35	43.5	34.9

注:1 atm=101.3 kPa。

由表 4-1 可以看出,发动机随着飞行高度的增大,发动机的功率降低,产生单位功率所消耗的燃料也增大,因为由轴承及活塞等之间的摩擦所消耗的动力是固定不变的。所以,发动机的效率就会降低,导致发动机的高空性能变差。汽化器中虽然有高度调整的装置,但它的功用只能维持混合气中汽油及空气的比值不变,并不能补救高空动力的降低。

(1)高空动力的降低可以使用增压器来补救。增压器是一个由发动机带动的空气泵,可以增大进入发动机空气的压力,使发动机的进气压力在不同高度保持为常数。发动机通过增压器增大发动机的进气压力,可以增大发动机的有效功率,以改善无人机的起飞性能和发动机的高空性能。

(2)增压器的功用,不仅可以在高空时保持发动机的功率,并且在海平面也能增加发动机的功率,使其超过它的额定进气压力,帮助无人机起飞和爬升,所以增压器的作用可以分为海平面增压和高空增压。

用于改善高空性能的增压发动机都有一个额定高度,在此高度时,发动机的功率最大,并且一切的机件强度都是以此高度为根据设计而成的。当在地面使用增压发动机时,如果完全放开油门,因地面空气密度比高空大,发动机各个机件要承受很大的载荷,受热严重。所以在地面这种情况下使用较久时,发动机将发生损伤。此外,增压器将高于地面压力的空气输送到汽缸中,使混合气的压缩比超过了额定压缩比,将会引起发动机的爆震。因此,在地面使用增压发动机时,不能全程使用最大功率,只能用额定功率。油门放在巡航位置上,只有在起飞时为了增大螺旋桨的拉力,允许在发动机规定的两三分钟内使用最大油门,以增大发动机的输出功率。一般在增压发动机的进气管上都装有卸荷活门,以防进气压力超过额定值过多,使发动机损坏。

(3)增压器用在航空发动机上的主要目的,就是避免发动机的功率随着高度的增加而降低。通过对增压器的控制,使其在一切高度上,都能保持与海面相同的进气压力,直到临界高度为止。所谓临界高度或额定高度,就是增压器所能保持与海平面相同的进气压力不变的最大高度。临界高度是以增压器及发动机两方面的气体量来决定的。增压器输出的气体量越多,临界高度也越高。

活塞式发动机上的增压器按照传动装置的布置分为内(传动)增压器和外(传动)增压器两种,相应的增压分为内增压、外增压和混合增压 3 种方式。

1)内增压器。内增压器由进气通道、离心式叶轮、扩散器和分气室等部分组成,如图 4-13 所示。发动机工作时,曲轴通过传动装置带动增压叶轮高速旋转,当混合气流过叶轮时,高速旋转的叶轮对气体做功,压缩混合气,提高混合气的压力;当混合气流过扩散器时,由于扩散的通道是扩张形的,使混合气减速增压,然后通过分气室,进入各汽缸。

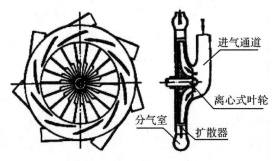

图 4-13　内增压器

2)外增压器。外增压器通常采用废气涡轮增压器,主要包括离心式叶轮、废气涡轮、废气门和控制系统等,如图 4-14 所示。

废气涡轮是一个向心式的叶轮,或是由导向器和工作叶轮组成的轴流式涡轮。发动机工作时,从各个汽缸排出的高温废气,通过废气涡轮时膨胀做功,带动外增压器叶轮,压缩吸进的空气。

如图 4-14 所示,废气涡轮输出功率的大小,可以通过改变废气门的开度来控制。废气门位于废气收集器上,其作用是控制进入废气涡轮的废气流量,调整或保持废气涡轮和增压叶轮的转速。

当废气门全开时,所有的废气都不通过废气涡轮,而通过排气口直接排入大气;当废气门全关时,所有的废气先通过废气涡轮,然后再经过排气口排入大气;当废气门部分打开时,则相应数量的废气通过废气涡轮,另外的废气进入排气口。

空气的进气量是由节风门控制的。发动机的功率可通过节风门的开度来调整。当调整节风门开度时,燃油系统会相应调整发动机供油量,从而起到油门的作用。当空气密度、压力变化时,通过压差控制器和密度控制器控制滑油压力,借由废气门作动筒控制废气门开度,从而改变涡轮转速,进而改变进气压力。

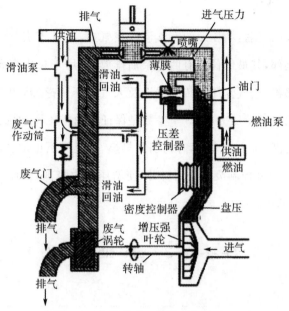

图 4 - 14　带外增压器的进气系统

3)混合增压式发动机。有些大功率活塞式发动机采用两级增压。废气涡轮增压器作为第一级,内增压器作为第二级。发动机工作时,空气从进气口经过滤后,首先进入废气涡轮增压器,经第一次压缩后,通过中间冷却器降低温度,再进入内增压器经第二次压缩,最后通过进气管流入各汽缸,如图 4 - 15 所示。

两级增压器增压能力强,在增加空气压力的同时,空气温度也随之升高,从而提高进气温度,这样会降低进气密度使填充量减小,而且进气温度高还会引起不正常的燃烧,如爆震等现象,故在内、外增压器之间安装有中间冷却器。利用中间冷却器降低增压后的空气温度,将进气温度降至保持正常燃烧的要求。中间冷却器使用的冷却介质通常为外界的空气。

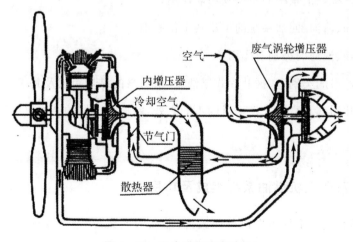

图 4 - 15　混合增压式发动机

知识点 4.6：空气盒

有的发动机带有空气盒,增压后的空气流经空气盒,再进入进气歧管,到达汽缸。空气盒一般位于发动机上部,其最低位置有两个余油排放孔,用于排出多余燃油,在空气盒中安装有空气盒温度传感器、空气盒压力传感器以及大气静压传感器,用于检测空气盒温度、空气盒的增压压力及大气环境压力,这3个参数是保证涡轮增压发动机正常工作的重要参数。

当空气盒温度过高、压力过大时,容易引起早燃、爆震等不正常燃烧情况,此时发动机涡轮增压控制系统(TCU)将控制废气活门打开,使增压压力降低,从而进气温度下降,恢复正常,保证发动机正常工作。

任务 4.3 燃 油 系 统

▶任务描述

燃油系统分为无人机燃油系统和发动机燃油系统。无人机燃油系统指从无人机燃油箱到发动机驱动泵之间的管路系统,其主要功用是保证在所有飞行阶段和各种飞行状态下,向发动机连续输送具有一定压力和适当流量的洁净燃油,满足发动机正常工作所需的燃油流量和压力。发动机燃油系统的主要功用是不断供给发动机适量的燃油,将燃油雾化、汽化,与空气混合,通过气门机构为汽缸供油。

▶学习目标

(1)熟悉无人机燃油系统的组成及功能作用;

(2)掌握供油、输油、回油系统的组成及工作原理;

(3)了解油箱、油滤的类别及作用;

(4)了解燃油泵的类别,掌握叶片式燃油泵、引射泵的结构组成及其工作原理;

(5)熟悉汽化器式和直喷式发动机的不同之处,掌握化油器的结构组成和工作原理。

▶任务学习

知识点 4.7：无人机燃油系统组成及功用

无人机燃油系统的附件主要由供油系统、输油回油系统、通气系统、油箱附件(加油口盖、放油开关、放沉淀开关)及油量测量系统等组成,如图4-16所示。

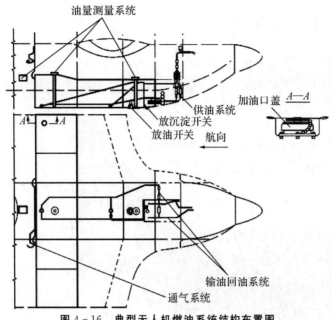

图 4-16　典型无人机燃油系统结构布置图

燃油系统工作原理如图 4-17 所示。

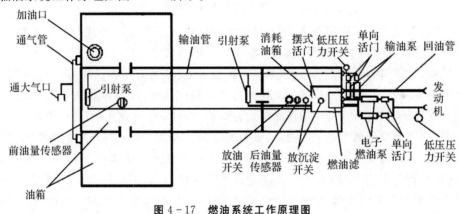

图 4-17　燃油系统工作原理图

机身油箱中的燃油由两个并联电子燃油泵通过燃油滤从消耗油箱吸出,经单向活门进入发动机进油口,构成燃油系统供油管路,多余燃油经回油管回到消耗油箱。

输油泵通过引射泵,引射主油箱中的燃油到消耗油箱,使消耗油箱始终处于满油状态。消耗油箱内的摆式活门能使主油箱燃油进入消耗油箱,防止燃油倒流。

油箱通气系统使油箱通大气,平衡油箱内、外压差。

低压压力开关监控供油、输油管路燃油压力以及燃油泵工作状态,通过感受管路压力变化控制主、备用泵切换。

燃油系统通过前、后油量传感器对主油箱燃油油量进行监测。

发动机本体自带的燃油压力调节器,保证燃油压力高于空气盒压力,确保汽化器正常工作。

知识点 4.8:供油、输油、回油系统

1. 供油系统

供油系统由两个电子燃油泵(主、备燃油泵)、两个单向活门、燃油滤、低压压力开关和若干导管、软管组成,如图 4 - 18 所示。

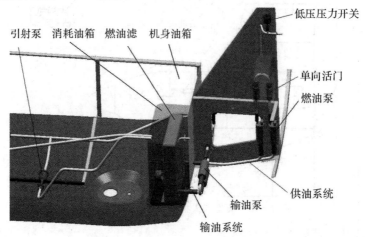

图 4 - 18 供油、输油系统结构布置图

(1)供油系统管路采用铝合金导管,导管与油箱接头、成品之间采用橡胶软管柔性连接,避免由于发动机振动而引起疲劳断裂;在两个电子燃油泵的出口设有单向活门,使燃油向一个方向流动,反方向则无法流通,同时当一个燃油泵工作时,防止燃油从另一个并联的不工作的燃油泵流回油箱;在吸油口处的消耗油箱内安装燃油滤,以滤除燃油中的杂质,保护燃油泵及汽化器正常工作;在消耗油箱底部设有维护口盖,对燃油滤定期清洗、维护。

(2)供油系统采用两个电子燃油泵,分为主油泵和备用泵,并联在供油管路中。发动机开车前,主油泵接通供油,发动机起动;起飞时,在发动机最大功率状态下,主、备泵同时工作,以保证系统工作可靠性;进入正常爬升和平飞阶段后,备用泵停止工作,作为备用泵使用。只有在主油泵发生故障,管路压力低于规定值时,触电式低压压力开关接通报警,即接通备用泵工作,并向飞控计算机发出警告。无人机着陆后,首先关闭发动机,然后关闭燃油泵。两个电子燃油泵分别由地面两个控制通道进行控制,使燃油泵能"接通"和"断开"。

供油系统应满足发动机正常工作范围内对燃油压力、流量的要求。

2. 输油、回油系统

输油系统由两个输油泵(主泵和备用泵)、两个单向活门、两个引射泵、低压压力开关和若干导管、软管及油滤组成,如图 4 - 18 所示。

输油系统中同样安装有两个输油泵,即主泵和备用泵。输油泵带动两个引射泵引射机身油箱燃油到消耗油箱,每个引射泵的引射量大于发动机最大耗油量,使消耗油箱始终处于满油状态,保证供油系统正常工作。起动发动机时主泵即开始工作。当输油系统管路压力低于规定值,低压压力开关报警时,自动起动备用泵工作,并向飞控计算机发出警告。主输油泵接通之后一直连续工作,直到无人机着陆停稳后,关闭供油泵,然后关闭输油泵。输油

泵由飞控计算机进行控制,能人工"接通"和"断开"。

回油系统由回油导管和软管组成,其作用是将燃油压力调节器调节后的多余燃油送回油箱。

知识点 4.9:燃油箱

无人机燃油箱的位置、尺寸、形状和结构根据不同种类的无人机而变化。常见的无人机燃油箱有硬壳式油箱、软油箱和结构油箱等3种。制造油箱的材料必须具备与燃油发生任何化学反应的特性。油箱底部的最低处通常设有收油池和放油活门。油箱内一般都设有隔板,可防止因无人机姿态变化引起油箱内燃油晃荡。许多燃油箱内还装有瓣状活门,起单向活门的作用,可有效防止当无人机剧烈机动飞行时燃油从供油口或增压泵附近流走而导致供油中断。

1.油箱

(1)硬壳式油箱。硬壳式油箱用薄铝合金板焊接或铆接而成,如图4-19所示。硬壳式油箱不能充分利用机翼结构空间,且重量相对较大,但这种储油方式可降低对机翼结构的密封要求,目前应用依然较广。油箱通气管主要用于防止加油或用油时油箱内外产生较大的压差。

(2)软油箱。软油箱是硬壳式油箱的理想替代品,已经成功应用于小型无人机和大型无人机上。首先准备一个安装腔室,该腔室的所有锐角边均使用带有防磨带的金属结构包裹。然后将储油软袋安装进去。储油软袋用经过氯丁橡胶灌注的薄尼龙布制成,氯丁橡胶具有耐燃油特性,如图4-20所示。

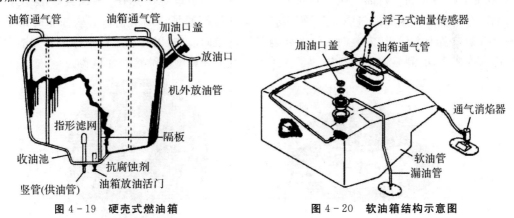

图4-19 硬壳式燃油箱　　　　图4-20 软油箱结构示意图

(3)结构油箱。结构油箱又称为整体油箱。图4-21所示为某无人机的结构油箱。该油箱利用机翼翼梁腹板前表面、端肋和蒙皮围成的空间,将所有检修口、接缝、铆钉、螺栓和螺钉用密封剂密封。

2.消耗油箱

机身油箱中通常设有消耗油箱。输油泵从消耗油箱中吸油,将吸出的燃油增压后打入引射泵,引射泵引射主油箱中的燃油到消耗油箱,消耗油箱始终处于满油状态,从而保证发动机供油不受飞行姿态影响,并可减少不可用燃油。消耗油箱内的摆式活门能使主油箱燃油进入消耗油箱,保证在输油泵全部故障情况时也能连续向发动机供油,只是不可用燃油增加。油箱中的燃油由两个并联电子燃油泵通过燃油滤从消耗油箱吸出,经单向活门进入发动机进油口,构成燃油系统供油管路,多余燃油经回油管回到消耗油箱。

摆式活门安装在消耗油箱底部,在给燃油箱加油过程中,当消耗油箱内没有燃油,而其外部燃油达到一定高度时,或者说消耗油箱内外燃油的高度差达到一定值时,燃油通过自身重力作用克服活门的重力而将活门打开,进入消耗油箱。摆式活门结构如图4-22所示,摆式活门是单向活门,燃油不会从消耗油箱内流出。

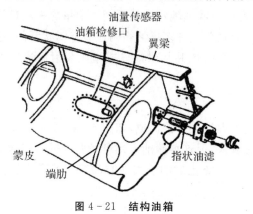

图4-21 结构油箱

图4-22 摆式活门

3.油箱加油、放油口盖

(1)加油口盖。绝大多数加油口盖位于机翼上表面,它是燃油系统中非常重要的附件之一,在安装燃油箱和飞行前绕机检查时要特别注意。如果口盖安装不当或没盖好,会使燃油泄漏。有些燃油箱的加油口盖具备通气功能,必须保持通气口的清洁。有些油箱的鹅颈形通气管从口盖上方伸出,安装时应注意将通气管口指向前方,以便在飞行中冲压空气增大油箱内油面压力,有利于向发动机供油。图4-23所示为典型的油箱加油口盖。

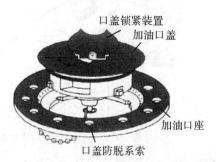

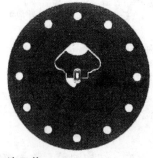

图4-23 典型的油箱加油口盖

加油后必须盖好并锁紧口盖,以防止无关人员随意打开,使外来杂质进入油箱。

在全天候飞行的无人机上通常安装具有闪电防护功能的油箱口盖。这种口盖面向油箱一侧的内表面没有裸露的金属物,因而不会将闪电导向燃油。即使是防止口盖脱离加油口的系索,都是用强度较大而不导电的塑料制成。

防虹吸油箱口盖适配器内有一个弹簧加载的瓣状活门。加油时,油枪顶开该瓣状活门向油箱内加油,撤出油枪时该活门关闭。即使这时口盖没有盖上,燃油也不会被虹吸出油箱。

（2）放油、放沉淀开关。油箱底部安装盘上通常设有放油开关，放油开关用于放出机身油箱内燃油。

机身油箱底部通常还设有放沉淀开关，分别安装在油箱底部安装盘上和消耗油箱下蒙皮处。放沉淀开关用于放出机身油箱和消耗油箱内沉淀水及杂质。安装盘有冲压槽，位于机身油箱最低位置，可以收集所有油箱内（消耗油箱除外）的沉淀水和杂质。

4. 燃油箱通气

飞行中，随着发动机消耗燃油，油箱内油面必然下降。如果燃油箱是完全封闭的，那么油箱内就会形成负压，不仅使燃油泵吸油困难，油箱还会因其内外形成气压差而受到挤压，最终导致油箱和机翼结构（如果是结构油箱的话）损坏。向油箱内加油时，如果油箱密封，那么会在油箱内形成正压，阻碍加油。因此，所有燃油箱必须以一定方式与外界大气相通，以保证向发动机正常供油以及顺利加油。燃油箱通气的另一个好处是飞行中可利用冲压空气提高油箱内空气的压力，帮助向发动机供油。

燃油箱通气方式多种多样。因为大多数小型无人机每边机翼仅安装一个油箱，所以多采用左、右油箱顶部各自安装通气管的方式。如果一边机翼内装有多个油箱，那么用一根通气总管将各油箱顶部连通，再通过位置较高的外侧油箱与大气相通。

通气口通常安装在机翼下表面，其形状有勺形或标准的埋入式进气口，如图 4-24 所示。冲压空气进入通气口后，首先通过一个通气保护装置，然后进入燃油箱。通气保护装置内部结构类似蜂窝或格栅，具有防止外物进入、防结冰、防虹吸和隔离火焰的功能，故有时又称其为通气消焰器。

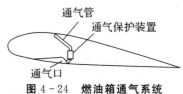

图 4-24　燃油箱通气系统

知识点 4.10：燃油滤

无人机燃油系统装有一系列燃油滤，用来将燃油中的杂质及水分过滤掉，防止杂质进入发动机。油箱内供油管的进油口处通常设有网状指形油滤；如果在油箱内安装增压泵，那么滤网包围在增压泵抽油口周围。这些滤网的功用是增大油箱出油口面积，防止污染物阻断燃油流动。

无人机燃油系统的主油滤通常设置在燃油泵的前后，不仅有过滤固定杂质的作用，而且因为它位于燃油系统的底部，还具有收集系统中杂质和水分的功用。

主油滤一般由金属滤体、滤杯、滤芯和紧固件组成。滤芯则是由多层金属滤网或经特殊处理的纤维纸，呈竖直褶皱层叠而成，如图 4-25（a）所示，或由多层圆盘滤网叠积而成，如图 4-25（b）所示。燃油通常由进油口进入滤杯，从滤芯外部进入滤芯内部，然后从出油口流出。这样的流动方向不仅可起到过滤作用，而且燃油的压力正好使滤芯紧贴保持架，防止滤芯受损。在主油滤的进、出口之间通常设有旁通活门，当滤芯堵塞导致进、出口压力差上升时,旁通活门自动打开,保证燃油连续供向发动机。

必须按规定时间间隔检查和清洗燃油滤,排放滤杯中的沉淀。纸质滤芯可直接更换;金属网状滤芯则必须采用专门设备(如超声波清洗机)进行清洗,并用干燥压缩空气吹干。

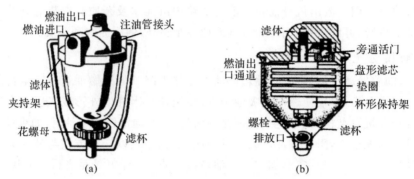

图4-25　小型无人机典型的燃油滤

知识点4.11:燃油泵

发动机驱动的燃油泵用于产生适当的燃油压力,以保证发动机的工作期间连续供油。有时在燃油系统中还安装辅助性燃油泵,如安装在发动机驱动泵上游,或与发动机驱动泵并联安装的电动燃油泵。有些无人机还在燃油箱出口处安装有离心式电动增压泵,用来帮助发动机起动,并确保发动机驱动泵进口的燃油具有正压力。输油泵的工作原理和燃油泵一致,不再赘述。

1.电动离心式增压泵

在有些无人机上,电动离心式增压泵是作为燃油系统的辅助性燃油泵。电机通常安装在与燃油箱较低位置相对应的翼梁上,而泵体则浸没在油箱底部的燃油中。在泵叶轮与电机之间采取密封措施,防止燃油或油蒸气漏入电机。当燃油进入泵体时,高速旋转的叶轮沿径向将燃油向外抛射,产生离心力,提高了燃油压力,并将燃油输向系统,如图4-26所示。泵的旋转搅动还具有将空气和油蒸气从燃油中分离出来的作用,使供向发动机的燃油不含油蒸气。

2.柱塞式电动燃油泵

由于电动离心式增压泵成本较高,所以许多小型下单翼无人机的燃油系统采用电动柱塞泵作为燃油系统辅助燃油泵。柱塞泵通常与发动机驱动的膜片式燃油泵并联安装,以使它们单独或共同向发动机供油。

柱塞式燃油泵属于脉动泵,它由电磁线圈、柱塞、校准弹簧以及2个单向活门等组成,如图4-27所示。电磁线圈绕制在连接2个油腔的黄铜管上。校准弹簧的弹力向上推柱塞,线圈电磁力向下推柱塞。一个单向活门安装在柱塞底部中间,另一个安装在进油腔内的黄铜管延伸段底部中间。

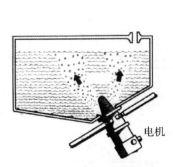
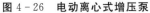

图 4 - 26　**电动离心式增压泵**

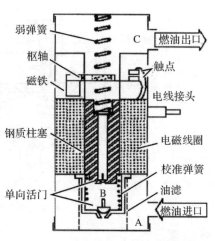

图 4 - 27　**柱塞式电动燃油泵原理图**

　　当柱塞泵未通电时,校准弹簧力将柱塞沿黄铜管向上推,柱塞将吸引磁铁,通过枢轴使触点接触。通电后,电流通过触点流过电磁线产生电磁力,将柱塞向下吸入线圈部分。此时 B 腔内的燃油通过单向活门向上流入柱塞。当柱塞下移到电磁线圈中间时,将不再吸引磁铁,触点跳开,电磁线圈断电,电磁力消失。这时校准弹簧上推柱塞,C 腔燃油被挤出,供向发动机。同时,来自油箱的燃油被抽入 A 腔,再通过底部单向活门进入 B 腔,为下一个供油循环做好准备。

　　如果发动机接收该泵的全部输出油量,那么该泵的脉动频率很高;但如果发动机汽化器慢车活门关闭,或在汽化器和泵之间的燃油存在压力,那么该泵将处于低速脉动状态。

3.叶片式燃油泵

　　图 4-28 所示为一种典型的叶片式燃油泵的工作原理。4 片钢制叶片在转子上开出的滑槽内沿转子径向滑动,叶片的一端紧压泵筒内壁,另一端通过弹簧与浮轴接触。转子内部空腔被叶片和浮轴分成 4 个工作腔。泵筒固定在泵的壳体上,两侧有进、出油口。转子的动力可以是发动机驱动或电机驱动。图中转子工作时为顺时针转动,由于泵筒与转子是偏心的,随着转子的转动,每个工作腔的容积不断变化,叶片转向进口一边时,工作腔容积变大,产生局部低压区,将油箱中的燃油吸入工作腔。而叶片转向出口一边时,工作腔容积变小,将燃油挤出,流向汽化器。

　　当泵出口压力大于规定值时,作用在释压活门下表面上的压力克服弹簧力,向上顶开释压活门,将泵出口的多余燃油导回入口,使泵出口到汽化器之间的供油管路中燃油压力始终保持在规定值以内。而当发动机工作期间遇到叶片泵失效的情况时,只要泵进口压力稍微大于出口压力,则作用在旁通活门板上表面的压力克服细弹簧力,向下打开旁通活门板,使燃油全流量流向发动机汽化器。

　　该泵的头部装有供油压力调节装置,可自动调节泵出口的燃油压力处于规定的范围内。如果泵工作时燃油压力出现异常,应首先检查压力调节装置,并通过调节螺钉用试验的方法进行压力修正。

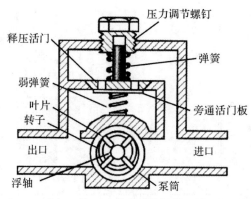

图 4 - 28　叶片式燃油泵原理图

4.膜片式燃油泵

膜片式燃油泵也是一种容积泵,图 4 - 29 所示为一种典型的膜片式燃油泵结构图。凸轮转动时,摇臂带动推杆克服膜片弹簧的张力将膜片向下拉,泵体油腔体积增大形成负压。进油口单向活门在负压作用下打开,燃油进入膜片上方的油腔。吸油行程结束后,凸轮继续转动到与摇臂接触点处于凸轮半径最大位置,在此过程中膜片弹簧推动膜片向上运动,压缩燃油打开出油口单向活门,经高压油出口供向下游。

膜片泵的膜片由特氟龙(Teflon)。聚偏氟乙烯等材料制成,常见故障为膜片磨损或破裂。在发动机停止工作时,膜片泵中的单向活门可以封闭油路,避免空气进入导致发动机起动困难。

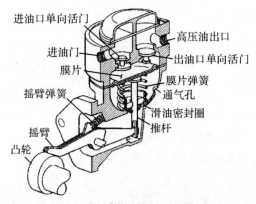

图 4 - 29　膜片式燃油泵结构图

5.引射泵

引射泵也叫喷射泵,它没有运动部件。引射泵的喷嘴部件包括管路接头和喷嘴,作用是将管路来的低速动力流体转变成高速射流。由于射流与空气之间产生的卷吸作用和紊动扩散作用,把吸入室内的空气带走,使该处产生负压(真空)。在压力差的作用下,引射泵进口的油液顶开球阀流向引射泵出口,球阀可以防止引射泵出口的引射流倒流回引射流进口。引射流被吸入泵室,随高速工作液流带入喉管内,并在喉管内进行能量交换。在喉管内,由于液体分子的紊动作用,工作流体将一部分动能传给被吸流体。这样,工作流体的流速逐步减慢,被吸液体流速逐渐加快,到达喉管末端,两股液流的速度逐渐趋于一致,混合过程基本完成。混合流进入扩散段,流速逐步降低,压力上升,最后压入连接管内,如图 4 - 30 所示。

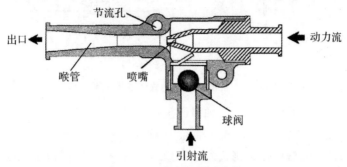

图 4 - 30　典型引射泵结构

图 4 - 31 所示为一种燃油传输引射泵。燃油传输引射泵用于将主油箱内的燃油传输到消耗油箱内。输油泵从消耗油箱中抽油增压,为主油箱引射泵提供动力流,动力流在喷嘴处产生高速流,在喷嘴外产生负压区,在引射泵的动力流管路上有一个电动阀,用于控制引射泵的工作。在压力差的作用下,主油箱中的燃油顶开球阀,进入喉管,通过输油管路进入消耗油箱。

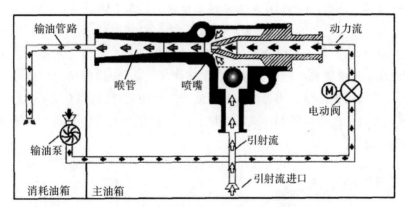

图 4 - 31　燃油传输引射泵

知识点 4.12:燃油测量系统

燃油测量系统的主要测量信息包括燃油量、燃油压力和燃油流量。本节仅讨论燃油量、燃油压力和燃油流量的测量。

1.燃油量测量系统

燃油量测量系统是所有动力无人机必备的系统,可随时为飞控计算机和飞行操控人员提供油箱目前剩余可用油量信息。常见的活塞式发动机无人机的油量测量系统有机械式、电动式和电容式等 3 种类型,如图 4 - 32 所示。

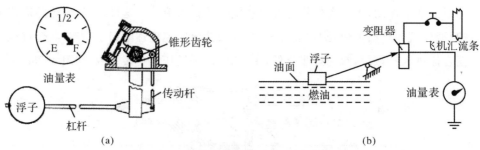

图 4-32　机械式和电动式燃油量测量系统

（1）机械式油量测量系统。机械式油量测量系统工作原理较为简单，主要用于早期的无人机。浮子漂浮在油箱内的油面上，随着油面升降而上下浮动，使与浮子连接的杠杆绕其支点转动，通过传动杆和摇臂驱动锥形齿轮啮合运转，从而带动指针转动，指示油箱的油量。

（2）电动式油量测量系统。电动式油量测量系统仍然利用一个漂浮在油面上的浮子，所不同的是杠杆一端与变阻器连接。浮子随油面升降时，变阻器的阻值随之改变，使通过的电流也发生变化，通过驱动电机指示油箱的油量。

（3）电容式油量测量系统。电容式油量测量系统是无人机常用的燃油量测量系统，通常包括油量传感器和信号处理器。

油量传感器由配置在同轴上的管状电容制成，根据机身油箱油量与油面高度关系曲线设计。传感器浸入燃油后，在油箱中油面从满油位状态逐渐下降时，传感器浸入燃油的深度不同。电容器两个极板之间的电介质最初全部是燃油，随后电容器上部电介质变为空气和燃油蒸气的混合物，油面以下的电介质依然为燃油，传感器内、外管之间由于油面变化而引起电容量的变化。传感器将测量的电容量变化转换成电流信号，传送给信号处理器进行处理，从而得到油箱内的燃油量。当燃油密度随温度发生变化时，燃油介电系数也随之发生变化，因此电容式油量传感器能够测出重量油量。机械式和电动式传感器则仅能测得体积油量，如图 4-33 所示。

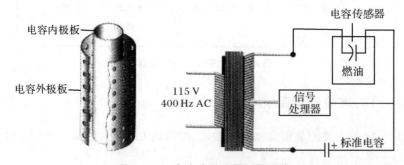

图 4-33　电容式燃油量测量系统

信号处理器主要完成对油量传感器信号的采样及处理工作。信号处理器上的振荡器产生正弦波信号，经跟随器驱动后，激励传感器。信号处理器接收到传感器回送信号后，通过专用信号处理转换线路，将传感器输出的油箱油位变化信号（电容增量信号）变换成一个与油位变化成正比关系的线性电压信号，并将该信号送往飞控计算机。

（4）时域反射油量测量系统。除了以上 3 种传统的油量表外,有些无人机安装的是脉冲时域反射（Time Domain Reflectivity,TDR）式燃油量测量系统,其原理如图 4－34 所示。

在基于 TDR 技术的液面测量设备中,传感器的电路产生一个低能量电磁脉冲,该脉冲由探头发出。当这个电磁脉冲接触到被测量的介质（如燃油液面）时,它的部分脉冲能量被反射回传感器探头并被传感器电路接收,电路就会根据发出脉冲和接收到反射脉冲的时间差（ns 量级）计算出液面位置。传感器能够将分析得到的液面位置输出为连续的模拟信号。在 TDR 技术中,脉冲的传播速度主要会受到脉冲传播介质的介电常数影响。

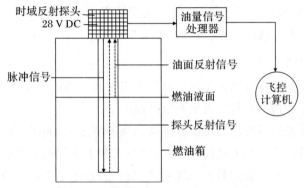

图 4－34　脉冲时域反射式燃油量测量系统

2.燃油压力测量系统

在飞行过程中,燃油系统需要感知供油、输油管路燃油压力,以控制相关油泵工作,确保输送足够的燃油,因此有必要设置燃油压力测量系统。燃油压力测量系统通常安装在燃油系统供油、输油管路上,用以感受供油、输油管路燃油压力值,常用的燃油压力测量系统都采用了真空膜盒,如图 4－35、图 4－36 所示。

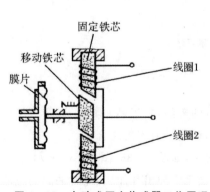

图 4－35　电动式压力传感器工作原理

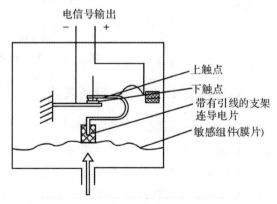

图 4－36　触发式压力传感器工作原理

图 4－35 中,电动式压力传感器把压力转换成电量,电量可以是电阻、电感等,再与其他电路连接进行测量。压力传感器包括膜片、固定铁芯、线圈和移动铁芯。膜片感受压力变化而移动,从而带动移动铁芯移动。当移动铁芯左移（压力减小）时,则其靠近线圈 2 的铁芯;当移动铁芯右移（压力增加）时,其靠近线圈 1 的铁芯。给传感器输入交流电后,铁芯的移动

使两个线圈的感抗发生变化,这样就把压力的变化转换成感抗的变化。把此传感器连接到其他电路上,即可给出压力指示,从而进行相关控制。

图4-36中,触发式压力传感器主要由敏感组件、带有引线的支架连导电片、触电组合、盖子连插座等部分组成。

上、下触点构成了压力开关。燃油泵、输油泵正常工作情况下,压力开关处于断开状态。当管路中主油泵工作不正常、燃油压力低于规定值时,管路内压力降低,作用于敏感组件上的膜片,使膜片产生变形向下收缩,从而使固定在其上的支架连导电片向下移动,致使上触点和下触点接触,从而使压力开关导通,并向飞控计算机发出信号,同时起动备用泵工作。而当管路中燃油压力高于规定值时,压力开关断开。

3. 燃油流量测量系统

使用汽化器的小型活塞发动机无人机通常不需要装设燃油流量测量系统,飞行操控人员可根据发动机转速和进气总管压力来判断燃油流量。

叶片式燃油流量测量系统该系统由传感器和指示器组成,如图4-37所示。传感器为一个由游丝弹簧加载的叶片和电磁线圈组成,叶片安装于通往汽化器的管道中。燃油流动的冲击力使叶片克服游丝弹簧的弹力而转动,带动传感器电磁线圈中的铁芯移动。叶片最终位置代表了燃油的流动速率,相应信号被送到指示器。

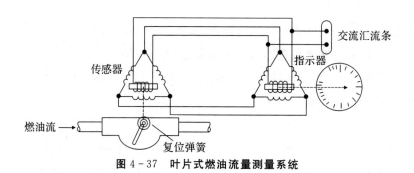

图4-37 叶片式燃油流量测量系统

知识点4.13:发动机燃油系统

发动机燃油系统的功用是不断供给发动机适当数量的燃油,并将燃油雾化,同空气均匀混合形成可燃混合气,根据发动机不同工作状态的需要,调整最适当的混合气。

发动机燃油系统的形式有汽化器式和直接喷射式两种,如图4-38、图4-39所示。

燃油选择开关选择好供油油箱后,燃油泵将燃油从油箱中抽出并加压,经过油滤的过滤送到燃油调节器,燃油调节器再根据外界条件,如飞行状态和外界大气温度、压力等,以及发动机的工作状态,如发动机的转速、节风门(油门)开度和混合比杆的位置,计量出合适的燃油量。若是汽化器式燃油系统,则计量后燃油和空气在汽化器内混合,然后进入汽缸;若是直接喷射式燃油系统,则计量后燃油由燃油流量分配器平均分配后送到喷油嘴并喷到汽缸进气门处,进气门打开后随清洁空气一起进入汽缸,有的发动机直接喷入汽缸。

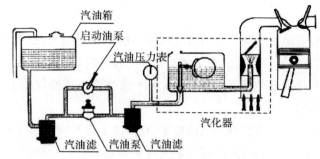

图 4 - 38　汽化器式燃油系统

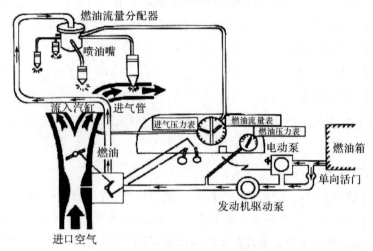

图 4 - 39　直接喷射式燃油系统

化油器的功能是向发动机各个汽缸提供合理空燃比、合理量值的混合气。化油器控制进入发动机各个工况的燃油和空气量,将燃油和空气雾化成发动机需要的可燃混合气。基本原理是:发动机工作时,在节风门后产生一定的真空度,空气被吸入化油器,当空气通过化油器的喉管时流速增大、压力降低,恒压室的燃油通过量孔或油针从喉管喷出,与空气混合、雾化后进入发动机汽缸。

由此可见,化油器由进油系统,进气、雾化和混合系统以及燃油调节系统 3 个工作系统组成,如图 4 - 40 所示。

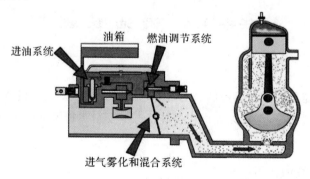

图 4 - 40　化油器构成

1.进油系统

机匣内压力的幅值随发动机节风门开度和转速的变化而变化;油泵的泵油压力也在变化,直接影响发动机正常工作。因此在化油器壳体上装有膜片式恒压器,即化油器的进油系统。它的功能与一般化油器的浮子相同,保证进入化油器各喷油口的油压基本保持不变。恒压器附在化油器壳体上。

当化油器油室(恒压室)内的部分燃油被吸出时,油室内与恒压膜片外侧大气形成压差,油室内呈负压,此时膜片受压差作用,膜片被吸进去推动和开启化油器进油阀,使燃油由膜片泵进入化油器油室,补充被吸出的燃油,使油室恢复平衡。由此可见,进油阀的开启程度由膜片的位置来控制。发动机在大负荷(大风门)工作时,用油量大,膜片内凹大、进油阀开启量大;反之,在小负荷工作时,用油量小,膜片内凹小,进油阀开启量小。这样就可以保持油室内压力始终接近外界大气压力。

2.进气、雾化和混合系统

进气、雾化和混合系统包括进气口、喉管、混合室(节风门附近的空腔)、节风门以及连接它们的整个进气通道。

3.燃油调节系统

燃油调节系统由主量孔、主喷口、怠速量孔、怠速喷口、省油器量孔和省油器喷口组成。节风门在较大开度时发动机在较大功率条件下工作,流入进气口的空气量很多,小喉管颈部真空度很高,燃油从位于小喉管颈部的主喷口吸出,与空气形成混合燃气。当节风门开度很小时,发动机在小功率或怠速工况下工作。这时流入进气口的空气量很少,在节风门前部真空度极小,主喷口不再喷油或极少量喷油,而节风门后部形成很大真空度,位于此处的怠速喷口和过渡喷口开始喷油,与空气形成混合气,使发动机在小功率获得空燃比基本恒定的混合气,保证发动机正常工作。

发动机在全风门工作时要获得最大功率,需要加浓的功率混合气,当节风门角位移向全开方向行进到一定数值时省油器量孔开启,燃料在省油器喷口处喷出,与主喷口喷出的燃油一起形成加浓的混合气。

任务 4.4 滑 油 系 统

▶任务描述

滑油系统的功能是为发动机提供一定压力、流量的滑油,供发动机各润滑点润滑、冷却,并带走磨损产生的铁屑等,保证无人机在各种状态下安全飞行。

▶学习目标

(1)了解滑油系统的作用;

(2)熟悉典型滑油系统的结构组成及工作过程;

(3)掌握恒温活门的工作原理。

▶任务学习

知识点 4.14：滑油系统的作用

滑油系统的功用主要包括以下七方面：

(1)保证发动机的润滑。润滑有两个方面的含义：①减少由于机件直接接触而形成的磨损，从而延长机件的寿命；②把干面摩擦变成液面摩擦，减少因摩擦而引起的能量损失，从而可使机械效率提高。

(2)冷却。任何一种摩擦都会发出热量，若不把这份热量散出去，便会使机件有过热的危险。滑油通过机件表面时除了润滑零件外，它还起带走热量的作用。单位时间内流过的滑油量越多，冷却的作用越好。实际上发动机滑油本身所需要的滑油量很少，为了冷却，还须供应足够的滑油，使它循环不断地流过机件表面。

(3)密封。使活塞在运动时不致漏气，以免工作时因混合气和燃气进入机匣，使发动机功率下降和滑油变质。

(4)保持机件清洁。当发动机工作时，由于燃烧不完全而产生的碳粒、油烟、磨损的金属屑以及机械杂质和灰尘等有害物质都能进入滑油中，这些物质过多，会影响润滑。因此，滑油应该具有不使这些杂质沉积在金属表面而浮游在滑油中的性质，并借本身的流动把它带走并过滤后除去，这样也就相当于清洁机件的作用。

(5)保护金属不受腐蚀。由于发动机不可避免地要和空气、水蒸气及燃烧后产生的其他气体接触，金属渐渐腐蚀而损坏。在高温下腐蚀作用更严重，如果在机件的表面有一层润滑油油膜，那么此油膜便可将金属与空气隔开，防止金属腐蚀。

(6)作为控制系统的工作液。在螺旋桨无人机上主要作为变距的工作介质。

(7)作为调节装置传动介质。滑油系统将加压后的滑油输送到某些调节装置和其他设备，以带动有关部件。例如，推动进气压力调节器的传动活塞以操纵节风门的开度，推动混合比调节器的传动活塞以转动高压汽油泵的调节齿轮，推动螺旋桨的变距杆以改变螺旋桨的桨叶角。

知识点 4.15：滑油系统组成

图 4-41 所示为典型活塞发动机滑油系统，由供油、回油、加油、放油、通气和监测等六部分组成。其中：供油部分包括主油泵、恒温活门、滑油散热器、滑油滤、滑油箱和供油管路等；回油部分包括回油泵、回油管路等；加油部分包括加油口等；放油部分包括放油开关等；通气部分包括通气管路等；监测部分包括滑油温度传感器、滑油压力传感器、滑油箱油尺等。

滑油系统采用干槽压力润滑系统，由一个带压力调节器的主滑油泵（主油泵）和一个附加吸油泵（回油泵）保证系统正常工作，如图 4-42 所示。

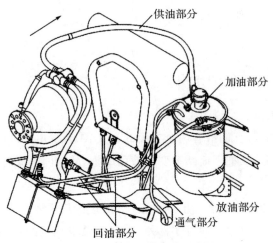

图 4-41 滑油系统组成示意图

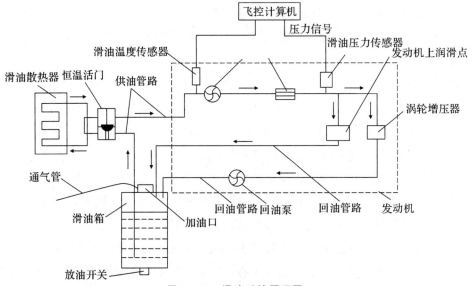

图 4-42 滑油系统原理图

发动机主滑油泵经恒温活门、滑油散热器从滑油箱中吸油,再经过滑油滤分别注入发动机内部各润滑点及涡轮增压器轴承。参与润滑后的滑油聚集在曲轴箱底部并被气体压回到滑油箱,润滑涡轮增压器的滑油通过回油泵回到滑油箱,滑油在循环过程中经滑油散热器散热。

滑油箱上有通气管,保证滑油箱通气,通气管末端伸到发动机短舱外发动机排气管的高温气流中,这样既可以防止通气管结冰阻塞,又可将油气烧掉。

滑油参数包括滑油温度和滑油压力,相关测量参数传送给飞控计算机,用于监控发动机滑油子系统工作状态。滑油温度传感器和滑油压力传感器安装在滑油泵壳体上。

滑油系统其他组成工作机理与燃油系统类似,这里仅简单介绍恒温活门。

滑油恒温活门安装在滑油系统管路中,用于保证滑油温度始终在最佳工作范围内,保证发动机正常工作需要,如图 4-43 所示。滑油恒温活门为自控式活门,活门的开启与关闭由感温元件控制,与滑油散热器出入口连接,感温元件直接感受滑油温度变化。

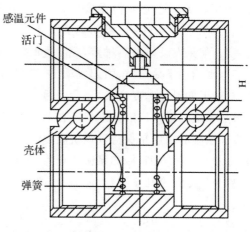

图 4 - 43　滑油恒温活门原理图

　　常温下活门处于开启状态,管路中的滑油直接通过活门被滑油泵吸入。当滑油温度逐渐升高,在某一温度范围内时,有一小部分滑油流经滑油散热器;随着滑油温度的升高,活门在感温元件的作用下逐渐关闭,当滑油温度达到某一较高范围时,活门在感温元件的作用下完全关闭,此时几乎所有的滑油流经散热器。滑油经过散热器散热后,温度开始下降,感温元件顶杆开始收缩,活门在弹簧作用下逐渐打开,当滑油温度低于某一温度范围时,活门完全打开。

任务 4.5　冷 却 系 统

▶任务描述

　　冷却系统用于保证发动机工作在最适宜的温度范围内,冷却过强对燃烧过程的进行不利,同时加剧缸壁磨损,冷却过弱将大大降低发动机使用寿命,还有可能使发动机产生故障。

▶学习目标

　　(1)熟悉冷却系统的功能作用;
　　(2)掌握风冷系统的结构组成、工作原理及优缺点;
　　(3)掌握液冷系统的结构组成、工作原理及优缺点。

▶任务学习

知识点 4.16:冷却系统的功能

　　(1)发动机工作时,汽缸内燃气的温度很高,与高温燃气相接触的汽缸、气门、活塞等机件的温度也相当高。若机件温度过高,材料强度就会减弱,汽缸以及汽缸紧密相连的机件在动力负荷和热负荷的作用下很容易损坏,例如汽缸头裂纹、活塞顶烧穿、气门变形等;同时,活塞与汽缸壁之间的间隙、涨圈与涨圈之间的间隙、气门杆与气门杆套之间的间隙变化还会引起活塞涨圈内的滑油分解和氧化,形成胶状物质,粘住涨圈,影响汽缸壁面的润滑,甚至因此磨伤和烧坏活塞。此外,汽缸温度过高,还会使充填量减小,发动机功率降低,并可能产生早燃和爆震等现象。为了保证发动机工作可靠,功率不致降低,必须对发动机进行散热,以降低其温度。如果发动机散热过多,温度过低,将使混合气燃烧后的热量散失过多,功率也会减小,甚至因燃油不易蒸发,引起发动机"气喘",严重时,会造成发动机停车,危及飞行安全。若汽缸壁上的滑油黏度变大,还会使活塞的摩擦损失增大。为此,发动机设置了冷却系统(又称散热系统),以把汽缸温度保持在一个适当的范围内。

(2)冷却系统的功用是保持发动机温度(汽缸温度)在适当范围内,以保证发动机正常工作。根据冷却介质的不同,冷却系统可分为气冷式和液冷式两种。以空气作为冷却介质的冷却系统称为气冷式冷却系统;以液体(水或防冻液)作为冷却介质的冷却系统称为液冷式冷却系统。

知识点 4.17:汽缸的冷却方式

1.气冷式冷却系统

气冷式冷却系统利用迎面吹来的气流,吸收并带走汽缸壁的一部分热量,以保持汽缸温度的数值在一定的范围内。

发动机工作时,为了保证机件温度正常,必须散走大量的热量,但由于汽缸外壁向外传热的传热系数小,空气流过汽缸壁面时,不足以带走全部应散去的热量,所以,在汽缸头和汽缸身的周围安装散热片,增大空气和汽缸外壁的接触面积,使散热量增大,如图4-44所示。

气冷式冷却系统由散热片、导风板、整流罩和散热风门等组成。当空气流过发动机时,汽缸前部壁面直接与空气接触,散热情况较好,而汽缸后部壁面背着气流,散热不良。为了保证汽缸前后壁面散热比较均匀,在汽缸周围装有导风板,迎面冷却空气便沿着导风板和汽缸外壁之间的空隙流过汽缸两侧和后部壁面,使整个汽缸散热比较均匀,同时,导风板还可以减少汽缸后面的涡流,从而减少发动机的迎面阻力,如图4-45所示。

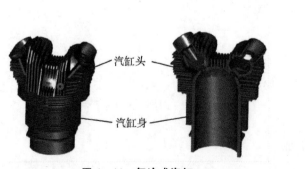

图 4-44　气冷式汽缸

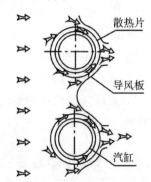

图 4-45　散热空气流动情形

发动机的外面都装有一个整流罩,以减少无人机的飞行阻力。有些无人机在整流罩的出口处,装有控制空气流通的风门,这个风门叫作鱼鳞板(也叫侧风门);有些无人机在整流罩的进口处还装有控制空气流通的另一个风门,这个风门叫作鱼鳞片(又叫百叶窗)。鱼鳞板和鱼鳞片统称为散热风门,用来控制冷却发动机的空气流量,以调节汽缸温度。

空气从整流罩前面进入后,流经汽缸壁和散热片,最后从整流罩后面流到机外。汽缸温度由散热风门来调节。

气冷法的优点为:发动机重量轻;构造简单,维护容易,在极冷或者极热的气候中工作可靠;在战争时,气冷式发动机被子弹命中时,所发生的危险小;气冷发动机适合用于高空飞行的无人机上。

气冷法的缺点为:发动机必须放在螺旋桨的后面,以接受自然吹来用于散热的冷气流;散热片及空气通路的装置,增加制造及设计的困难;迎风阻力大。

2.液冷式冷却系统

液冷式冷却系统利用冷却液流过汽缸壁,吸收并带走汽缸壁的一部分热量,以保持汽缸温度在一定的范围内。

液冷式冷却系统由温度传感器散热套、冷却液、散热器、冷却液泵和膨胀箱等组成。液冷式冷却系统的工作情形,如图 4-46 所示。

发动机工作时,曲轴带动冷却液泵工作,把冷却液打入散热套,冷却液流过汽缸周围,使汽缸冷却。温度升高了的冷却液,流经冷却液散热器,散去从汽缸壁带来的热量,最后再回到冷却液泵的进口。由于冷却液泵不停地工作,冷却液便在系统内循环流动。散热套内的冷却液,受热而膨胀时,可以排出一部分到膨胀箱里去;相反,如果管路内的冷却液有损耗时,膨胀箱内储存的冷却液则会流入管道内予以补充。为了测量冷却液的温度,装有冷却液温度表,它有两个受感部,分别位于散热套的出口和冷却液泵的进口。前者测量冷却液在流出发动机时的温度,后者测量冷却液在进入发动机时的温度。各种液冷式发动机,对于冷却液的温度都有规定的数值。

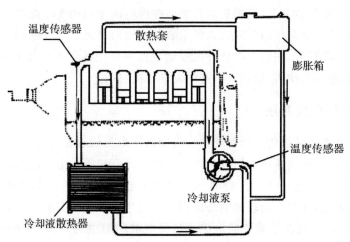

图 4-46　液冷式发动机冷却系统工作示意图

液冷式的优点为:迎风面积小,前进阻力小;散热效率高,飞行性能好。

液冷式的缺点为:重量大,构造复杂,不易维护;液冷式发动机被子弹打中后,水套中散热也很快就流尽,会引起整个发动机的过热。

任务 4.6 起动、点火系统

▶任务描述

起动系统的功用是在发动机起动时，将曲轴转动起来，使发动机从静止状态转入正常工作。点火系统的功用是按照各汽缸规定的点火次序，适时地产生高强度的电火花点燃汽缸内的混合气。点火系统是发动机的重要系统，它工作性能，直接影响起动性能、发动机功率、经济性以及工作的可靠性。在实际工作中，点火系统发生的问题也比较多，据各类统计数字表明，在活塞式发动机的故障中有 2/3 与点火系统有关。

▶学习目标

(1)了解航空活塞发动机常用的起动方式；

(2)熟悉点火系统的结构组成，掌握其工作原理。

▶任务学习

知识点 4.18：起动系统

为了能够使发动机正常起动，需要满足以下条件：①起动时因为转速小，发动机主燃油泵不能正常供油，需要预先向汽缸注油(如使用电动增压泵)；②起动机带动曲轴旋转时转速一般不低于 40~60 r/min(起动转速)；③电嘴应能适时地产生强烈电火花点燃汽缸中的油气混合气。

航空活塞式发动机的起动方式通常采用直接起动式电动起动机方式和间接式电动惯性起动机方式，目前广泛使用的是直接起动式电起动机方式。起动电源可使用机载蓄电池，也可使用地面电源。通常情况下，使用机载蓄电池提供电源来起动发动机，在多次未能成功起动发动机，或机载蓄电池电压偏低或无人机未装蓄电池的情况下，则使用地面电源来起动发动机。无人机空中停车后，则由飞控计算机控制主控制盒中的继电器接通起动继电器的线圈，由机载蓄电池起动发动机，达到空中起动发动机的目的。

知识点 4.19：点火系统

现代航空活塞式发动机的点火系统都是借助高压电流通过邻近的两个电极时产生电火花来点燃混合气的，产生高压电的附件叫作磁电机。设有相隔一定间隙的两个电极，分别与电源的正极和负极相连接，如图 4-47 所示。如果把电压提高到一定的数值，两个电极的间隙中就会出现电火花，同时发出轻微的爆破声。在两个电极的间隙中产生电火花的现象，就是在高压电的作用下，强度足够大的电流通过了电极间隙中的气体，从而使气体白热而发光。这种现象的实质是电极间隙中的气体，在足够高的电压(不低于击穿电压)的作用下，产生冲击电离现象，使气体变成了导电体，因而能够通过强度足够大的电流，导致电极间的气体层白热而发光。

现代大多数活塞发动机的点火系统都由磁电机、磁电机开关、高压导线、电嘴等组成，某些点火系统还有起动加速器、起动线圈或振荡器用于起动点火,如图 4 - 48 所示。磁电机在工作时,适时地产生高压电,并按照点火次序分配到各汽缸,供电嘴产生电火花。

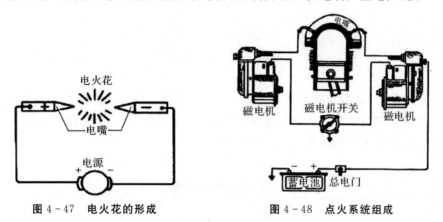

图 4 - 47　电火花的形成　　　　图 4 - 48　点火系统组成

图 4 - 49 所示为某典型活塞式发动机所采用的电容放电式无触点双联点火系统,装有一个内置交流发电机(磁电机)提供电源。发动机点火系统主要由点火电子模块、点火线圈、火花塞等组成。

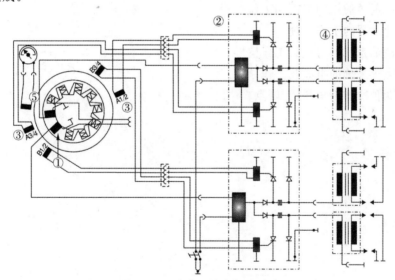

图 4 - 49　点火系统电气原理图

两个独立的充电线圈①分别装在发电机的定子上。每一个线圈为一个点火线路供电。定子上的两个充电线圈所产生的电能储存在电子模块②的电容中,点火瞬间 4 个触发线圈③中的两个线圈输出信号使电容通过双点火线圈④的初级绕组放电,完成点火,点火顺序①→④→②→③。图中⑤为转速触发线圈,主要给电子转速表提供信号。

点火模块分为 A,B 两组,每一组均有接地插针一个,通过电缆连接接地插针与地,可以将充电线圈充至点火模块电容中的电量放掉,从而达到停止点火继而停车的目的。

这两个接地线缆分别连接开关一个,对应综合检测车上“发动机停车开关 1”“发动机停车开关 2”。同时,这两个接地线缆并联在主控制盒中的两个受飞控计算机控制的继电器上,当继电器接通时,接地线缆与地(无人机)接通,同样达到停止点火停车的目的。因此,在地面和空中均能对发动机的点火进行控制。发动机运转过程中,接地线缆与地之间保持断开状态。

单 元 小 结

本单元介绍了活塞发动机本体及进排气、燃油、滑油、冷却、起动点火等附件系统的结构组成及工作过程,在掌握发动机结构组成间关联关系的基础上,学会分析主要部件发生故障时,对于发动机正常工作的影响,培养特情处置能力。

单 元 作 业 题

1.描述发动机本体的组成。

2.分析废气涡轮增压控制系统的工作原理。

3.说明燃油系统的组成及工作情形。

4.描述引射泵的结构组成和工作过程。

5.总结化油器的工作原理。

6.说明滑油系统的组成及工作情形。

7.说明点火系统的组成及工作原理。

8.分析两种冷却系统的优、缺点。

第5单元　航空活塞发动机工作特性及故障分析

在无人机飞行过程中,飞行操控员需要根据状态参数变化来判断发动机的工作情况,因此,作为无人机操控员需要理解发动机状态参数的物理意义,熟悉发动机的工作特性,在状态参数出现超限或异常情况时,能够沉着、冷静地进行故障分析,及时、果断地采取应急措施,确保飞行安全。

活塞发动机的工作特性主要包括负荷特性、高度特性和增压特性。在掌握发动机工作原理及结构组成间关联关系的基础上,本单元主要是结合发动机工作特性和常用故障分析方法,针对典型发动机故障案例,从故障现象入手,分析故障机理,定位故障点,采取应急处置措施。

任务 5.1　发动机控制

▶任务描述

发动机运转前、运转过程中以及停车后均可以通过检测发动机状态参数来初步判断发动机及其配套系统是否工作正常,并以此为依据,对发动机进行控制,保持其工作状态稳定。其中,发动机运行状态参数包括转速、节风门开度、排气温度、缸头温度、滑油温度、滑油压力。涡轮增压参数监测分为涡轮增压控制单元(TCU)内部自动监测和外部监测,TCU 内部监测参数为节风门开度、转速、大气静压、空气盒压力、空气盒预设压力、废气活门开度和空气盒温度等;外部监测参数为大气静压、空气盒压力和空气盒温度等。燃油系统主要监测油量、输油低压报警信号和燃油低压压力报警信号。

▶学习目标

(1)理解发动机状态参数的物理意义;

(2)掌握涡轮增压控制系统的控制逻辑;

(3)熟悉发动机操纵系统的结构组成及控制方法。

▶任务学习

知识点 5.1:发动机状态参数

发动机工作是否正常,可由状态参数判断出来。在发动机运转过程中,需要严密监视状态参数,在状态参数出现超限或异常情况时,要果断采取应急措施,如地面开车时立即停车,空中飞行状态时立即返航等。

1. 转速与排气温度

转速与排气温度属于快速变化的信号,表明发动机的瞬时工作状态,实时反映发动机的工况是否正常。排气温度过低一般仅在冷起动发动机时短时间出现,其他状态下出现排气温度过低则表明发动机出现灭缸,此时,转速将急剧降低;该现象多出现在无人机返航途中,此时节风门开度小,转速低,同时排气温度过低,则发动机灭缸,需要立刻下降转定高飞行,通过节风门增加、转速提高退出发动机灭缸状态后可继续下降高度。

2. 节风门开度

节风门开度反映了发动机的功率状态,发动机转速与节风门最佳匹配即为转速的最佳范围。在全节风门开度时,发动机在适当的螺旋桨(或吸功装置)桨距角下,可以发挥出发动机允许的最大起飞功率。随着节风门开度的减小,发动机的功率逐渐降低。节风门开度信号为节风门舵机反馈数字信号,直接传输至飞控计算机,不再经过主控盒。

节风门开度传感器安装在汽化器上。节风门开度传感器以电位器原理进行测量,不同的节风门开度,在测量触点上对应着不同的电阻值。通过测量电阻得到准确的节风门开度,如图 5-1 所示。

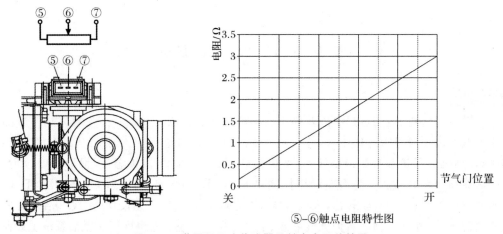

图 5-1 节风门开度传感器及触点电阻特性图

3. 缸头温度和滑油温度

缸头温度和滑油温度反映了发动机长时间工作下的热负荷,若这两个温度超限则说明发动机累积热负荷过大,长时间运转,会导致发动机损坏。

缸头温度过低,会造成活塞与缸体之间的温差过大,造成损耗。滑油温度低于某一值,不能大转速运转发动机,因为此时滑油润滑性能不好,容易造成发动机的额外磨损乃至损坏。

4. 滑油压力

滑油压力跟转速、滑油温度有关,同样的滑油温度下,转速高,滑油压力相应高,而相同转速下,滑油温度越高,滑油压力越低。滑油压力过低时,会加大发动机磨损,甚至损坏发动机;由于回油不畅或滑油管路堵塞造成的滑油压力过高也会造成发动机磨损增加乃至损坏。

知识点 5.2:涡轮增压控制系统

通过发动机排出废气驱动涡轮做功,涡轮带动一级离心式压气机,对空气进行压缩,压缩后的空气进入汽化器与燃油掺混后进入发动机汽缸燃烧做功。废气涡轮增压器有效地回收、利用了废气能量,强化了发动机进气压力,提高了发动机功率保持高度。

1.涡轮增压器系统参数

涡轮增压器系统参数由 TCU 自动测试并控制。其主要参数为发动机转速、节风门开度、空气盒压力、大气静压和空气盒温度等。

(1)空气盒预设压力。空气盒预设压力为 TCU 控制目标值,由节风门开度、发动机转速、空气盒温度、增压比(空气盒压力/大气静压)按照既定控制规律计算而来。空气盒预设压力在飞行过程中对用户来说是不可见的。

(2)废气活门开度。废气活门开度也是由节风门开度、发动机转速、空气盒温度、空气盒压力、大气静压通过既定控制规律计算得到,并由废气活门舵机控制废气活门开度的变化。飞行过程中,该参数对用户也是不可见的。TCU 则通过集成在废气活门舵机中的电位器测量真实的废气活门开度信号并参与控制。

(3)发动机转速与节风门开度。发动机转速与节风门开度与发动机状态参数中的对应参数是重合的,对于 TCU 来说,发动机转速与节风门开度全部由 TCU 中的调理电路将传感器信号调理为可以由单片机进行(A/D)数/模转换的电压信号,继而参与控制。

(4)大气静压、空气盒压力和温度。大气静压、空气盒压力、空气盒温度 3 个参数在机上链路中采用在 TCU 原有传感器测量位置上增加相同对应传感器来测试,传感器供电及信号电缆均连接至电气主控制盒,由电气主控制盒进行传感器供电和信号调理,再将调理好的电压信号送至飞控计算机进行 A/D 转换并采集。TCU 系统原有传感器由 TCU 供电并进行信号调理、采集。

一般情况下,空气盒压力与空气盒温度超限均会由 TCU 自动处理,不需要立刻进行人为干预,如果长时间情况无改善,需要降低发动机工作负荷状态,乃至采取返航、停车等应急措施。空气盒温度超温,发动机爆燃的危险大大增加。因此,空气盒温度超限后,TCU 将介入自动调节,通过降低空气盒预设压力值的方式降低增压比,从而控制空气盒温度进一步降低。

2.涡轮增压控制原理

涡轮增压控制系统是通过节风门开度变化并结合预设的控制规律,由 TCU 自动控制运转,及时调节涡轮增压器工作状态,来满足发动机性能要求。

涡轮增压控制器通过压力、温度等参数实现对涡轮增压器的控制,系统控制方案原理如图 5-2 所示。其中,TCU 传感器包括空气盒压力、空气盒温度、大气静压、废气活门舵机位置、节风门开度、TCU 转速。

涡轮控制单元的主要功能是:根据预设规律和采集到的参数变化情况,对废气活门舵机进行正反行程控制,控制涡轮增压器尾气门的开度从而达到控制增压压力的目的。此外 TCU 还具有上电自检、故障报警和信号发送功能。

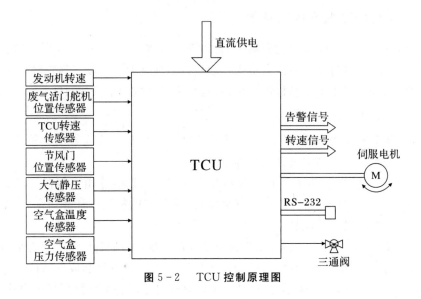

图 5-2　TCU 控制原理图

知识点 5.3:发动机操纵系统

发动机操纵系统用于操纵发动机节风门和起动油路,通过主控盒完成对发动机工作状态的控制。发动机冷起动时,必须拉起动油路。

1.操纵系统的组成

操纵系统主要由节风门舵机、节风门钢索、起动油路操纵钢索组成,如图 5-3 所示。两个节风门操纵摇臂由两个同步工作的独立的节风门钢索控制。

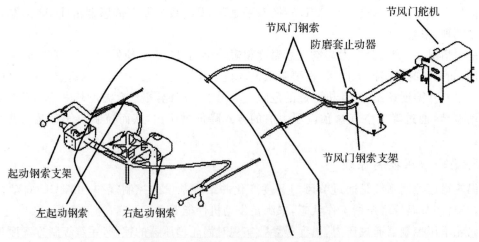

图 5-3　发动机操纵系统连接示意图

发动机转速控制由飞控计算机控制节风门舵机,通过操纵钢索,拉动发动机的油门摇臂,以保证在不同飞行姿态下所需要的发动机转速,如图 5-4 所示。

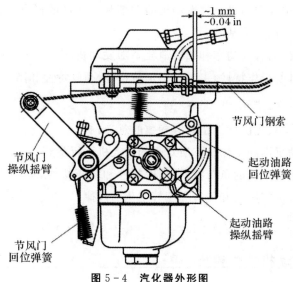

图 5-4　汽化器外形图

2. 节风门的控制

飞控计算机控制节风门舵机动作,调节位于汽化器上的节风门,通过节风门的开度控制进入发动机汽缸燃烧的空气流量,从而控制发动机工作状态。

涡轮增压器出口压力即空气盒压力由节风门开度决定,节风门开度传感器将节风门开度从 0 到全开线性等分,节风门开度和空气盒预设压力按一定控制规律确定,如图 5-5 所示。

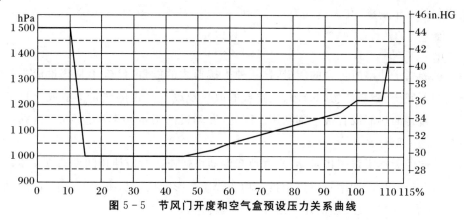

图 5-5　节风门开度和空气盒预设压力关系曲线

任务 5.2　发动机工作特性

▶**任务描述**

活塞式发动机的功率大小和经济性的好坏,是衡量其性能优劣的主要指标。发动机的功率包括本身所消耗各种功率和发动机输出带动螺旋桨的那部分功率。发动机的经济性是指燃料的消耗率和效率等。通过研究发动机的功率和经济性的概念,可以评价发动机的性能并且为正确使用发动机打下基础。

航空活塞式发动机的有效功率和燃油消耗率随发动机转速、进气压力与飞行高度等变化的规律,称为发动机的工作特性,主要包括负荷特性、高度特性和增压特性等。

▶学习目标

(1)理解发动机功率、经济性能指标等参数的意义;

(2)熟悉活塞发动机不同工作状态所对于的无人机飞行状态;

(3)通过分析活塞发动机的负荷特性、高度特性和增压特性,理解掌握有效功率和燃油消耗率随发动机转速、进气压力和飞行高度等变化的规律。

▶任务学习

知识点 5.4:发动机性能参数

1.发动机的功率

(1)指示功率。发动机实际循环的指示功等于循环的膨胀功与压缩功之差,用符号 W_i 表示。指示功率就是发动机在单位时间内完成的指示功,用符号 P_i 表示。设发动机的汽缸数为 i,发动机的曲轴转速为 n,那么,一个汽缸每一秒的循环数应该是 $\dfrac{n}{2 \times 60}$。

指示功率是一个汽缸在一次循环中对活塞所做的功,故指示功与汽缸数和每秒钟循环数的乘积就是指示功率,其表达式为

$$P_i = \frac{W_i\, i\, n}{2 \times 60} \qquad\qquad (5-1)$$

发动机的指示功率所包含的能量,是一种机械形式的能量,已经不是热量形式的能量。燃料燃烧的不完全、燃烧产物的分解、汽缸壁的散热及废气带走的热量等造成了热量损失,使得燃料所包含的热能没有被全部利用。因此,发动机的指示功率所包含的机械能量只占燃料总热量的一部分。

指示功率的大小决定于指示功、汽缸数和发动机转速。对所使用的发动机来说,汽缸数不变,可以不考虑,指示功率只决定于指示功和转速。影响指示功率的因素有混合气的余气系数、进气压力、进气温度、提前点火角和发动机转速。

(2)阻力功率。发动机所得到的指示功率,并不是全部用来带动螺旋桨的,其中有一部分是用来克服机件之间的摩擦、带动发动机附件以及供给发动机进、排气所需要的动力。这几部分消耗的功率之和称为阻力功率 P_d。

阻力功率占指示功率的 $10\% \sim 15\%$。阻力功率的分配情况大致如下(假设阻力功率为 100%):

1)活塞与汽缸壁的摩擦损失功率为 $45\% \sim 65\%$;

2)减速器内部摩擦损失功率为 $10\% \sim 15\%$;

3)连杆、曲轴、曲轴轴承之间的摩擦损失功率为 5%～10%;

4)气门机构摩擦损失功率为 5%～10%;

5)带动附件消耗功率为 5%～10%;

6)进、排气损失功率为 10%～15%。

显而易见,阻力功率越大,用于带动螺旋桨的功率就越小,发动机获得的有效功率就越小。因此,应尽可能将阻力功率减小到最小,这就要从影响阻力功率的因素着手。影响阻力功率的因素有发动机转速、滑油温度、进气压力、大气压力和温度、压缩比。

(3)有效功率。发动机发出的指示功率,在扣除消耗于发动机本身的阻力功率 P_d 和增压器功率 P_t(对于增压式发动机)之后,剩下的用于带动螺旋桨的功率叫作有效功率,用 P_e 表示。

对吸气式发动机,其有效功率等于指示功率与阻力功率之差。对增压式发动机,其有效功率等于指示功率减去阻力功率和增压器功率。由于发动机安装了增压器,虽然多消耗一部分功率,但增压器提高了进气压力,增大了指示功率,指示功率的增加量比带动增压器消耗的功率大得多。因此,带增压器的发动机的有效功率比吸气式发动机的大。

指示功率是发动机能发出的功率,带动螺旋桨的有效功率是指示功率的一部分。根据这个含义,也可以得到有效功率为

$$P_e = \frac{W_e \, i \, n}{2 \times 60} \qquad (5-2)$$

通常所说的发动机功率,在没有特别说明的情况下,指的都是发动机的有效功率。有效功率的影响因素包括进气压力和进气温度、提前点火角、曲轴转速、滑油温度和混合气余气系数等。

1)进气压力。对于带汽化器的增压式航空活塞发动机,进气压力是指混合气分布室内混合气的压力。

进气压力增大时,进入各汽缸里的混合气重量增大,混合气燃烧后作用在活塞上的燃气压力增大,发动机功率随着增大;反之,进气压力减小时,发动机功率减小。

通过改变节风门开度可以改变进气压力,从而改变发动机功率的大小。开节风门时,进气压力增大,发动机功率增大;收节风门时,则功率减小。此外,进气压力还受飞行高度的影响。当节风门不动,飞行高度升高时,因为大气压力降低,进气压力也随着降低,从而使发动机的功率减小;飞行高度降低,则发动机功率随之增加。

大功率航空活塞式发动机都装有增压器,增压器的增压叶轮由曲轴带动旋转做功,它不仅可以提高混合气的压力,而且对混合气起搅拌作用,使空气和燃油混合得更加均匀。

2)发动机转速。发动机转速是指曲轴每分钟的转数(曲轴与螺旋桨轴之间装有减速器)。在实际使用的转速范围内,发动机转速增大,单位时间内做功次数增多,发动机功率增大;反之,转速减小,发动机功率随之减小。

3)余气系数。余气系数不同的混合气,燃烧的快慢也不相同。由实验得知,余气系数约为 0.85 时,混合气燃烧得最快,大于或小于这个数值,燃烧的速度都要减慢。混合气燃烧得

快,汽缸内的燃气压力就大,使燃气对活塞所作的功增大,发动机功率增大。因此,混合气的余气系数约为 0.85 时,发动机功率最大;余气系数大于或小于这个数值,发动机功率都会减小。余气系数偏离这个数值越多,发动机功率越小。

飞行中,要改变发动机功率的大小,主要是通过改变进气压力和转速的大小来实现。

2. 发动机经济性指标

对发动机来说,除了要求动力性能要好之外,还要求经济性好。而发动机的效率和燃料消耗率是衡量发动机经济性的主要指标。

(1)指示效率。在发动机的实际循环中,指示效率 η_i 等于转化成指示功的热量与一个循环中所加燃料的理论放热量 Q 之比,即

$$\eta_i = \frac{AW_i}{Q} \qquad (5-3)$$

指示效率越高,说明转变为指示功的热量越多,热损失越小,发动机的热利用程度越好。因此,应使热损失尽量减小来提高指示效率。目前航空活塞式发动机的指示效率一般在 0.25~0.38 之间。也就是说,燃料的热量只有 25%~38% 转变为指示功,而 62%~75% 的热量被损失掉了。

(2)机械效率。发动机得到的指示功,实际上是不可能全部用于带动螺旋桨的,因为发动机得到的指示功还得拿出一部,用于克服机件的摩擦、带动附件和补偿进、排气功的损失;对于增压式发动机,还得多用一部分功去带动增压器。从指示功中拿出来的这部分消耗于发动机机件本身的功,称为机械损失。机械损失的大小,可以用发动机的机械效率来衡量。发动机的有效功与指示功的比值,称为机械效率,用 η_m 表示为

$$\eta_m = \frac{W_e}{W_i} \qquad (5-4)$$

机械效率高,说明消耗于发动机本身的机械损失就小,用于带动螺旋桨的功就多。目前航空活塞式发动机的机械效率,吸气式发动机为 0.8~0.9,增压式发动机因为要带动增压器,机械效率要低一些,为 0.7~0.86。

(3)有效效率。有效功的热当量 AW_e 与每一循环的理论放热量的比值为有效效率,用 η_e 表示为

$$\eta_e = \frac{AW_e}{Q} \qquad (5-5)$$

有效效率表示供给发动机的燃料所含热能的有效利用程度。有效效率越高,说明供给发动机的燃料所含的热能,转换为有效功的热量就越大,用于带动螺旋桨的功就越多。

燃料的理论放热量扣除了热损失后得到了指示功,指示功再扣除机械损失得到有效功。因此,有效效率的大小,既考虑了燃料的理论放热量转换成指示功过程中的热损失,又考虑指示功转换成有效功过程中的机械损失,所以有效效率说明了总损失的大小,是衡量发动机经济性的一个重要指标。有效效率高,发动机的总损失小,经济性好;有效效率低,发动机的总损失大,经济性差。

由于

$$\eta_m \cdot \eta_i = \frac{W_e}{W_i} \cdot \frac{AW_i}{Q} = \frac{AW_e}{Q} = \eta_e$$

可得

$$\eta_e = \eta_m \cdot \eta_i \qquad\qquad (5-6)$$

式(5-6)表明,有效效率等于机械效率与指示效率的乘积。目前,吸气式发动机的有效效率为 0.20～0.32,增压式发动机由于带动增压器多消耗一部分功,其有效效率要低一些,为 0.16～0.28。

总体来说:发动机的指示效率是评价热能转变为机械功过程中热能损失大小的指标;机械效率是评价机械损失大小的指标;有效效率是评价活塞式发动机总的能量损失大小的指标,是衡量发动机经济性的重要指标之一。

(4)燃油消耗量。发动机每小时消耗的燃油重量,叫作燃油消耗量,用 G 表示,单位是 kg/h。当两台发动机发出同样的功率时,燃油消耗量小的发动机,显然比燃油消耗量大的发动机的经济性能更好。当两台发动机发出不同的功率时,单看燃油消耗量就不能比较出发动机经济性的好坏了。

例如,甲发动机发出有效功率为 50 kW,燃油消耗量为 16 kg/h,乙发动机发出有效功率为 600 kW,燃油消耗量为 165 kg/h。能不能说甲发动机的燃油消耗量小就比较经济呢?显然不能,因为两台发动机发出的功率不同。要比较上述两台发动机的经济性的好坏就必须引入燃油消耗率的概念。

(5)燃油消耗率。发动机产生 1 kW 有效功率,在 1 h 内所消耗的燃油重量,叫作有效燃油消耗率,简称燃油消耗率,用 sfc 表示,其单位为 kg/(kW·h),则有

$$\mathrm{sfc} = \frac{G}{P_e} \qquad\qquad (5-7)$$

由式(5-7),我们可以算出两台发动机的燃油消耗率的大小,甲发动机为 0.32 kg/(kW·h),乙发动机为 0.275 kg/(kW·h)。因此,乙发动机的经济性比甲发动机好。

燃油消耗率不仅考虑到每小时燃油消耗量的大小,而且还考虑到了发动机功率的大小。它是衡量发动机经济性的又一重要指标。

燃油消耗率和有效效率都是衡量发动机经济性的指标,发动机的燃油消耗率是从消耗燃料多少的角度来衡量发动机的经济性的,有效效率是从能量损失的角度(热损失和机械损失)来衡量发动机的经济性的。两者是统一的,有效效率高,说明能量损失小,要得到同样的有效功率,燃料消耗率就必然小。

3.其他性能参数

活塞式发动机的主要要求是重量小、功率大、尺寸小和油耗低等,因此除了功率和经济性之外,还有一些常用的性能指标如下:

(1)功重比:指有效功率与重量的比值。功重比越大,越有利于改善无人机的飞行性能。先进的活塞式发动机的功重比可达 1.85 kW/daN。

（2）排量：指各缸工作容积的总和，即活塞从上死点到下死点所扫过的气体容积乘以汽缸数。理论上来说，排气量越大发动机的输出功率就越大。

（3）升功率：指发动机每升排量所发出的功率，单位是 kW/L。升功率是衡量活塞式发动机技术水平的一个重要指标，一般为 22～29 kW/L，个别达到 59 kW/L。

知识点 5.5：发动机工作特性

1. 发动机工作状态

（1）额定工作状态。额定工作状态是在发动机设计时所规定的基准工作状态，该状态下的物理参数称为额定参数，例如此状态下的功率和转速称为额定功率和额定转速等。在发动机性能分析和表述中，以额定功率为 100%，其他各种工作状态下的功率以额定功率的百分数来表示。发动机上所装的螺旋桨是根据额定工作状态选定的。

发动机在额定状态常用于无人机正常起飞、高速平飞和大功率爬升，其连续工作时间一般不超过 1 h。

增压式发动机的额定工作状态分为地面额定状态和空中额定状态。地面额定状态是指发动机在地面使用额定转速和额定进气压力时的工作状态；空中额定状态是指发动机在额定高度使用额定转速和额定进气压力时的工作状态。空中额定工作状态是设计发动机时规定的基准工作状态，也是选用螺旋桨的依据。

（2）起飞工作状态。发动机使用全油门（节风门全开）和最大转速时的工作状态称为起飞工作状态。该工作状态下发出最大功率，是发动机的最大工作状态。

无人机在紧急起飞、短跑道起飞、高温或高原机场起飞时，为尽可能缩短滑跑距离，可使用起飞工作状态；当无人机复飞或快速爬升时，为提高上升率，也可使用起飞工作状态。

在起飞工作状态下，发动机承受的热负荷和机械负荷最大，其持续工作时间不得超过一定的时间。尤其对于增压式发动机，应严格遵守最大进气压力和最大转速的限制，在冬季和大气压高的机场起飞时尤其要提高警惕。

（3）最大连续工作状态。发动机长时间连续工作能够输出最大功率时的工作状态，称为最大连续工作状态。该工作状态下的功率称为最大连续功率（MCP），大约为额定功率的 90%；该工作状态下的转速叫最大连续转速，约为额定转速的 96.6%。

最大连续工作状态多用于无人机爬升和高速度平飞。

（4）巡航工作状态。无人机巡航飞行时发动机的工作状态叫巡航工作状态。此工作状态下的发动机功率和转速分别称作巡航功率和巡航转速。

发动机在巡航工作状态下工作的时间最长，单位油耗最小。巡航功率为额定功率的 60%～75%，或最大连续功率的 55%～65%。增压式发动机的巡航功率为额定功率的 30%～75%。在实际飞行时，飞行控制系统会根据飞行任务的需要或地面站的控制指令，通过节风门设置最佳功率工作状态或最经济工作状态。

（5）慢车工作状态。慢车工作状态指的是发动机稳定连续工作的最小转速工作状态，这时发动机的功率约为额定功率的 7%。慢车工作状态适用于无人机着陆、快速下降和地面滑行等。在慢车工作状态下,油气混合物较为富油,发动机的温度又低,电嘴易积碳,发动机工作稳定性差,慢车工作状态的时间不宜长。

　　航空活塞式发动机是根据某些特定的工作条件设计出来的。在使用过程中,发动机需要在各种不同的条件下进行工作。工作条件的改变,用以表示发动机性能的主要参数——有效功率和燃油消耗率也要随之变化。它们的变化是有一定规律的,只有掌握并善于运用这些规律,才能正确地使用发动机,充分发挥它的性能。

　　2.发动机工作特性

　　航空活塞式发动机的有效功率和燃油消耗率随发动机转速、进气压力和飞行高度等变化的规律,称为发动机的工作特性。

　　(1)负荷特性。当进气压力保持为最大时,发动机的有效功率和燃油消耗率随转速变化的规律,叫作发动机的负荷特性。由试验或计算得出的负荷特性曲线如图 5-6 所示。图中 P_e 曲线表示有效功率随转速变化的情形。转速增大时,有效功率起初是随之增大的,但当增大到一定数值以后,又逐渐减小。图中 sfc 曲线表示燃油消耗率随转速变化的情形。燃油消耗率是随着转速的增大而一直增大的。

　　1)有效功率随转速变化的情形。有效功率 P_e 等于指示功率 P_i 减去阻力功率 P_d 和增压器功率 P_t。转速变化,指示功率、阻力功率和增压器功率都要发生变化,如图 5-7 所示。转速增加时,指示功率、阻力功率和增压器功率同时都要增大。当转速由较小转速增大时,起先指示功率增加较多,阻力功率和增压器功率增加较少,指示功率的影响是主要的方面,因而有效功率随转速的增大而增大。转速增大至超过某一转速 n_1 以后,指示功率增加较少,阻力功率和增压器功率增加较多,阻力功率和增压器功率的影响成为主要方面,因而有效功率随着转速的增大而减小。

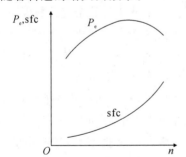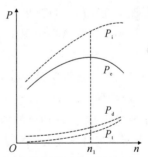

图 5-6　增压式发动机负荷特性曲线　图 5-7　增压式发动机有效功率随转速变化情形

　　2)燃油消耗率随转速变化的情形。燃油消耗率与机械效率和指示效率的乘积成反比。在试验负荷特性的条件下,指示效率仅随转速而变,且随转速的变化很小,可以忽略不计,所以基本上可认为,燃油消耗率只与机械效率成反比。机械效率 η_m 决定于阻力功率与指示功率的比值和增压器功率与指示功率的比值,即

$$\eta_m = 1 - \frac{P_d}{P_i} - \frac{P_t}{P_i} \tag{5-8}$$

　　由于阻力功率与转速的平方成正比,增压器功率约与转速的三次方成正比,也就是说阻力功率与增压器功率随转速的增大而迅速增大。而指示功率却在转速越大时,增加越缓慢。

所以,随着转速的增加,阻力功率与指示功率的比值和增压器功率与指示功率的比值都不断升高,机械效率不断降低,燃油消耗率不断增大。

由以上对发动机负荷特性的分析可知:

a.负荷特性有效功率曲线上每一点的功率,都是在进气压力最大的情况下所获得的功率,因而是发动机在该转速所能发出的最大功率,要使发动机在该转速发出更大的功率是不可能的。所以负荷特性的有效功率曲线又叫发动机的最大可用功率曲线。

b.发动机在较大的转速工作时,虽然有效功率较大,但燃油消耗率也比较大,发动机工作不经济。

c.只有在一定的转速范围内,有效功率才随转速的增大而增大,大于某一个转速后,有效功率随转速的增大反而减小,所以不能说发动机的转速越大越好。在设计时所规定的发动机的最大转速,通常都不能大于发出最大有效功率时的转速。

(2)高度特性。在转速保持不变的条件下,发动机有效功率和燃油消耗率随飞行高度变化的规律,叫作发动机的高度特性。对于增压器增压比很小、装有变距螺旋桨的非高空性发动机来说,其高度特性曲线如图 5-8 所示。图中曲线 P_e 与 sfc 分别表示有效功率和燃油消耗率随高度变化的情形。由图 5-8 可以看出,当高度升高时,有效功率不断减小,而燃油消耗率却不断增加。下述分别对有效功率和燃油消耗率随高度变化的情形进行。

1)有效功率随飞行高度的变化。高度升高时,大气密度与大气压力都减小,使充填量(在一次进气过程中,实际上进入一个汽缸的空气重量)减小,因而指示功率减小;高度升高后,随着大气压力减小,汽缸内气体压力也减小,因而使活塞与汽缸壁之间的摩擦力减小,阻力功率减小。指示功率减小会使有效功率减小,阻力功率减小又会使有效功率提高。由于两者比较起来,指示功率减小得多,所以有效功率是随高度升高而减小的。

2)燃油消耗率随飞行高度的变化。在试验高度特性时,混合气的余气系数保持不变,因而指示效率不变。在这种情况下,燃油消耗率只取决于机械效率的变化。高度升高时,指示功率减小较多,而阻力功率减小较少,因此,阻力功率在指示功率中所占的比例逐渐变大,使发动机的机械效率逐渐降低。所以,燃油消耗率随飞行高度升高不断增大。

(3)增压特性。增压式发动机在保持转速不变的条件下,有效功率和燃油消耗率随进气压力变化的规律,称为发动机的增压特性。发动机的增压特性曲线如图 5-9 所示,由图可以看出:当转速保持不变时,有效功率随着进气压力的增大而一直增大,如图中的 P_e 曲线所示;燃油消耗率则随着进气压力的增大先是减小,而后增大,如图中的 sfc 曲线所示。

1)有效功率随进气压力的变化。在保持发动机转速不变的条件下,空气在增压器内的温度增量不变,不论节流门开度多大,进气温度几乎是不变的。这时,充填量与进气压力成正比,因而指示功和指示功率都大约与进气压力成正比地变化。在转速保持不变时,增压器功(带动增压器所消耗的功)保持不变,由于空气流量与进气压力成正比,故增压器功率也与进气压力成正比地变化。至于阻力功率,在这种情况下,基本上只决定于转速。转速保持不变时,阻力功率也基本上不变。

综上所述,在转速保持不变的条件下,进气压力增大时,阻力功率基本上不变,指示功率和增压器功率都与进气压力成正比地增大。因此,进气压力增大,有效功率随之增大,并且与进气压力几乎成直线关系。

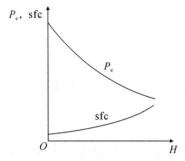

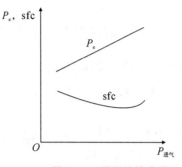

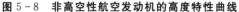

图 5-8　非高空性航空发动机的高度特性曲线　　　　　　图 5-9　增压特性曲线

2)燃油消耗率随进气压力的变化。如前文所述,燃油消耗率与指示效率和机械效率的乘积成反比。因此,我们从分析指示效率和机械效率随进气压力的变化入手,来研究燃油消耗率随进气压力变化的情形。

指示效率在这里主要取决于混合气余气系数。发动机用小进气压力工作时,使用富油混合气;用中等进气压力工作时,使用的混合气接近于理论混合气;用大进气压力工作时,又使用富油混合气。因此:进气压力较小时,指示效率较低;随着进气压力的增大,指示效率不断提高;直到进气压力为某一较大值时,指示效率又开始降低。

至于机械效率,由于进气压力增大时,指示功率和增压器功率均与进气压力成正比地增大,而阻力功率基本保持不变,所以阻力功率与指示功率的比值随进气压力的增大而减小,增压器功率与指示功率之比值一直不变。由机械效率公式[见式(5-8)]可知,机械效率是随进气压力的增大而增大的。

综合以上分析,可以看出:发动机用小进气压力工作时,由于指示效率和机械效率均较低,所以燃油消耗率较大;进气压力逐渐增大时,指示效率与机械效率均逐渐增大,所以燃油消耗率不断减小;进气压力增大到一定程度以后,由于又使用富油混合气,指示效率降低,而且其降低的程度比机械效率提高的程度大,所以燃油消耗率又开始增大。

任务 5.3　发动机故障分析

▶任务描述

故障分析是一个推理分析过程。首先应掌握发动机的结构,确定故障现象;然后根据发动机工作原理查找可能造成故障的零件和部件;更换故障零部件后重新运转发动机,验证故障原因的判断是否准确,故障是否已经排除。故障的分析与排除的过程应遵循由简单到复杂,由外部到内部的原则,避免将小故障当大故障来处理。

▶学习目标

(1)掌握一般故障分析与排除的原则和基本方法;

(2)熟悉活塞发动机常见的故障类型和故障现象,掌握故障分析方法。

▶任务学习

知识点5.6:故障分析与排除方法

1.故障分析的基本原则

针对无人机系统较为复杂、庞大的特点,在进行故障分析、测试检查和维修时应遵循以下几条原则。

(1)先分析后检测。先分析后检测的原则是指:首先根据故障现象,系统的结构、工作原理、信号流程和电缆布局,分析可能的故障原因和部位;然后进行检查和测量/排除故障,做到有的放矢。

(2)先简单后复杂。实际使用中许多故障的原因往往比较简单,应首先从简单的故障原因查起,排除简单的故障;然后再检查和测试较复杂的故障原因,提高效率。

(3)先外部后内部。先外部后内部的原则即先查找设备外部的故障原因,后检查设备内部的故障原因,其实质先简单后复杂的原则类似。

(4)先电源后信号。先电源后信号的原则即先检测设备的供电电源是否正常,确保设备能够正常工作;再检查控制信号或设备输出信号是否正常,判断设备有无故障。

(5)先断电后通电。先断电后通电的原则即先断电检查后通电检测,在断电情况下检测、排除诸如舵机卡死、导线绝缘破坏、导线短路等故障后,再通电测量电源电压、控制与回报信号、传感器输出等。确保装备安全。

2.故障分析与定位的一般步骤

系统检查与修理的一般步骤如图5-10所示。

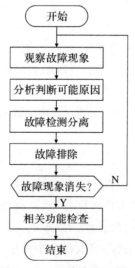

图5-10 系统检修流程图

3.故障定位及排除方法

(1)常见故障原因。常见的故障原因主要包括:①某个部件失效;②电缆线路出线短路、断路、接插件接触不良等;③机械部件损伤、配合不好或卡死;④操作、使用不当,检查、维修不及时等。

（2）故障排除的一般方法。

1）代换法。代换法即用相同的正常部件代替怀疑有故障的部件，进行检查，这是最常用的方法之一。当系统出现故障时，经分析故障直接与某个部件的重量有关，可用好的部件代替怀疑有故障的部件。若代换后故障现象消失，说明该部件故障、需要修理；若代换后故障现象仍然存在，则不能判定被怀疑部件有故障，需进一步检查。

2）分段处理法。当某一故障涉及几个部件甚至地面控制站时，采用分段处理的方法，逐个进行排除。例如，地面控制站发"单点火"指令后，发动机停车。该故障涉及无人机航电系统（机载计算机和无人机电缆、停车转接电缆）、连接导线、点火控制盒、点火线圈、火花塞等，应分段检查隔离故障。

知识点 5.7：发动机故障分析方法

发动机要正常工作需要具备发动机本体无机械故障、活塞汽缸均能正常压缩扫气、供油正常和点火正常 3 个基本条件。在故障发生时应首先检查这 3 个方面。

1.故障分析方法

（1）机械系统检查。用手转动发动机（即盘动螺旋桨），应该有适当的压缩阻力。如果不正常就要注意汽缸盖、汽缸体和活塞组件。如果活塞过热后表面拉伤或出现划痕、汽缸盖松动漏气、活塞环断裂等，都会导致压缩性下降。

发动机转动时如有极大的摩擦力，常见的是活塞抱缸、曲轴弯曲变形、连杆大小轴承咬死等原因，此时应拆卸发动机检查。

（2）供油系统检查。如果压缩性正常，发动机仍不能正常起动工作，就应该检查供油系统（包括燃油系统和发动机的供油系统）。其检查方法为，迅速转发动机十几转后，火花塞电极上应有混合油颗粒附着，否则就是供油系没有燃油进入化油器。

如果没有燃油进入化油器，首先检查电动油泵是否打开。如电动油泵已打开且工作正常，可以轻轻顶开化油器的膜片，看化油器口是否有燃油流出。如燃油流动正常说明发动机的供油管路通畅，否则要检查油滤油管是否堵塞，再检查油泵是否正常工作。

发动机每工作 25 h 需要更换新油滤，否则油滤会出现在使用中逐渐堵塞的现象。如果无人机正在飞行时，油滤逐渐堵塞会造成发动机空中停车事故。

（3）点火系统检查。如果压缩性正常、供油系统正常，发动机仍不能正常起动工作，问题应出在点火系统。其检查方法为，将停车开关放在开的位置，检查点火控制盒的每根导线接头有无脱落或短路现象。然后拧下火花塞并将它们插在火花塞帽中，外壳接触发动机表面，在较暗处用起动电机转动发动机，可以看到每个火花塞电极间有火花跳过。如果相对的两个主（副）火花塞都没有火花，可能是主（副）控制盒损坏，或控制盒与磁钢外圆的间隙太大，应更换或调整对应的控制盒。如果相对的两个火花塞只有一个有火花，很可能是高压线圈损坏，更换损坏的那一个。火花塞电极短路，或电极间隙过大也可能不跳火花，应清洗和调整火花塞电极。

以上故障排除后，如还不能起动，就要进一步研究油汽混合比是否正确，点火时间是否恰当等因素,需要有较多的实践经验才能查出故障。

2.常见故障部位

(1)发动机机体。运动零件是故障出现较多的部位。发动机长期在贫油状态或大负荷而冷却不足的条件下工作,由于过热会发生活塞在汽缸内咬合的故障。故障出现后,轻则拉伤活塞和活塞环,重则活塞汽缸组合彻底损坏。燃油中的润滑油比例不足或未配合均匀也会发生这类故障。严重的咬合还可能拉伤连杆。

活塞环开口间隙大或活塞环在槽内咬合,会造成发动机的功率将明显下降,同时过热。活塞环断裂时发动机的压缩性明显下降,汽缸可能被拉伤。

连杆大小头的滚针或保持架断裂均会烧坏曲拐(曲柄)或活塞销,最后发生咬合现象,甚至拉断连杆。这些故障除重量问题外,过热、贫油、润滑油不足都是主要原因。

(2)供油系统。主油针、怠速油针和省油器针调整不当,使发动机在高转速或低转速工作不正常。油气比太浓,造成火花塞粘连、积炭严重,放炮停车,排气管排烟特浓。反之,发动机工作过热,不稳定,功率不降,容易磨擦部件,特别是易使汽缸和活塞咬合。燃油中有水分,实际就是供油变稀,也使发动机工作时过热。

供油系统中油泵的进油阀片和出油阀片变形与损坏、阀门漏气、油泵膜片破裂等,都会使油泵失效、停止供油。恒压器的橡皮阀漏油,杠杆卡死,弹簧过强或过弱,油道和喷口堵塞,其结果是化油器供油工作失常,发动机可能出现贫油或富油两种情况,工作不稳定,这些都是油路系统常见的故障。

(3)点火系统。点火系统的常见故障是无火花或火花弱。无火花会使发动机停止工作。弱火花使发动机起动困难、功率不足。

1)火花塞故障。火花塞故障可能会造成火花弱或无火花。故障来源可能有中心电极上有大量积炭、电极断裂、瓷柱断裂等。清除火花塞积炭后用汽油清洗仍可使用,但出现电极断裂、瓷柱断裂等故障,应更换新火花塞。

2)点火线圈故障。点火线圈的故障是内部击穿或接头松动引起的,使得点火线圈短路、断路或接触不良,造成停止点火的故障。可用万用表检查线圈,如不通电就是断路,如电阻值小于规定值就是击穿短路。但击穿短路时电阻值的下降值往往测量不出来,不易决定是否击穿,只有换上新的进行试验。

3)控制盒故障。控制盒是用环氧树脂封死的,里面的故障无法检查。如果其他元件和接线等无故障,只有更换新的控制盒进行试验。

接头松动常造成点火控制盒无火花或火花弱,在检查故障时应先检查各导线线头是否松动。

单 元 小 结

本章介绍了活塞发动机状态参数的物理意义、发动机涡轮增压控制逻辑及操纵方法;在介绍发动机性能参数的含义后,分析了发动机的负荷特性、高度特性和增压特性,其中航空活塞式发动机的有效功率和燃油消耗率随发动机转速、进气压力和飞行高度等变化的规律是重点内容;最后介绍了故障分析与排除的方法,在前期所学工作原理和结构组成的基础上,掌握常见故障的表征及分析方法。

单元作业题

1.描述发动机状态的参数有哪些? 对发动机正常工作有什么影响?

2.描述涡轮增压控制的逻辑关系。

3.总结活塞发动机的工作特性。

4.描述故障分析与排除的基本原则和方法。

5.影响发动机功率的主要因素有哪些? 各是怎样影响的?

6.发动机常见故障类型有哪些? 有何故障表征? 如何排除?

第6单元　航空燃气涡轮发动机

燃气涡轮喷气发动机也是一种热机,像活塞发动机一样,它也要吸入空气(靠进气道),压缩空气(由压气机来完成),然后再加入热能(在燃烧室内加油燃烧),做功(涡轮把部分能量转换为机械能),最后再把燃气排出(尾喷管)。和活塞发动机不同的是,这些过程是在发动机内部连续不断进行的,即空气连续进入,不断被压缩、燃烧、做功和排气。而在活塞发动机上这些过程是间歇的,它只有把燃烧后的气体排出后,才能再吸入新的空气,见表6-1和图6-1。

表6-1　燃气涡轮发动机与活塞式发动机的异同点

比　较	燃气涡轮发动机	活塞式发动机
不同点	进入燃气轮机的空气连续	进入活塞式发动机的空气不连续,间歇性进排气
	在前后畅通的流动过程中喷油燃烧,若不计流动损失,则燃烧前后压力不变,为等压燃烧	喷油燃烧在密闭固定的空间里,为等容燃烧
共同点	均以空气和燃油作为工作介质;都是吸入空气,经过压缩增加空气压力,经过燃烧增加气体温度,燃气膨胀做功	

航空活塞式发动机已发展到了相当高的水平,装用活塞式发动机的无人机,飞行速度的最高记录达到750 km/h。要想进一步提高飞行速度,除了提高无人机外形的气动性能外,主要靠增大发动机的功率。然而,活塞发动机随飞行速度的增大,功率基本不变,螺旋桨的拉力反而下降,活塞发动机已无能为力。

航空燃气涡轮发动机与航空活塞式发动机相比,主要有以下特点:①能够在重量轻、尺寸小的条件下,发出巨大的推进功率;②在一个相当大的飞行速度范围内,发动机的推力随飞行速度的增大而不断增大,有可能使装有这种发动机的无人机突破"声障",使飞行速度大为提高。

由于对高温高压燃气使用方法的不同,当前已经形成了涡轮喷气发动机、涡轮风扇发动机、涡轮螺旋桨发动机和涡轮轴发动机等4种主要燃气涡轮发动机类型。在技术发展的推动下,涡喷发动机、涡扇发动机、涡桨发动机和涡轴发动机在不同时期的不同飞行领域发挥着各自的作用,使航空器性能跨上一个又一个新的台阶,见表6-2。

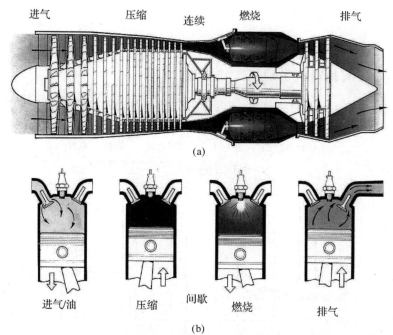

图 6 - 1　燃气涡轮发动机与活塞式发动机的工作过程

表 6 - 2　航空燃气涡轮发动机的技术进步

年　代	20 世纪 40 年代	20 世纪 50 年代	20 世纪 60 年代	20 世纪 70 年代	20 世纪 80—90 年代	21 世纪 10 年代
发动 机类型	涡喷	涡喷、涡桨	涡喷、涡扇 涡桨、涡轴	涡喷、涡扇 涡桨、涡轴	涡喷、涡扇 涡桨、涡轴	涡喷、涡扇 涡桨、涡轴
技术 进步	轴流压气机； 加力燃烧室 双转子	可调静子； 钛合金涡轮	可调喷管； 垂直起落	高推重比； 高涵道比； 三转子结构； 数字控制	超声速巡航； 矢量喷管； 全权数字控制	超高推重比； 超高涵道比； 变循环发动机； 全电发动机

任务6.1　发动机工作原理

▶**任务描述**

　　一台高性能核心机,可以发展一系列的发动机,包括涡轮喷气发动机、涡轮风扇发动机、涡轮螺旋桨发动机、涡轮轴发动机等。另外,按相似理论放大、缩小,可以将核心机尺寸加大或缩小,以改变发动机的推力或功率大小。

▶**学习目标**

　　(1)掌握涡轮喷气发动机的工作机理;

　　(2)在理解涡轮喷气发动机工作机理的基础上,类比掌握 4 种衍生燃气涡轮发动机的工作机理。

▶任务学习

知识点 6.1：涡轮喷气发动机工作机理

单转子涡轮喷气发动机由进气道、压气机、燃烧室、涡轮和喷管等部件组成,图 6-2 所示为气体流过发动机时参数的变化情况。

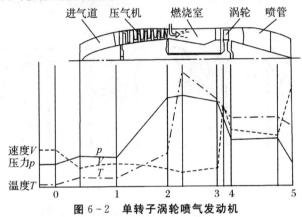

图 6-2　单转子涡轮喷气发动机

涡轮喷气发动机是结构最简单的一种航空燃气涡轮发动机。首先,空气由进气道以最小流动损失进入压气机,空气经过压缩压力增大,随即流入燃烧室。在燃烧室内,空气与燃油喷嘴喷出的燃油混合,进行连续不断的燃烧,获得大量的热能,温度大大提高。之后,高温高压的燃气流入涡轮,在涡轮内膨胀,燃气的部分热能转变为涡轮旋转做功的机械能,使涡轮带动压气机转子和附件工作。最后燃气通过尾喷管继续膨胀,燃气的部分热能转变成动能,从而使燃气的速度大大提高,从喷口高速喷出,使发动机产生推力。气体流过涡轮发动机的各个部件,气体参数发生变化,最终产生推力,参数的变化见图 6-2。

涡轮喷气发动机在高速飞行时具有推力大、重量轻的优点,因此常用于高空高速飞行。但是,提高推力的同时也增加了耗油率。因此为了降低涡轮喷气发动机的油耗及扩大发动机的工作范围,一般将涡轮喷气发动机的转子结构由两根轴带动,称为双轴涡轮喷气发动机,如图 6-3 所示。其中,压气机、燃烧室和涡轮是产生燃气的地方,称为燃气发生器,也是各种发动机的核心,所以又称为核心机,如图 6-4 所示。核心机可以作为燃气发生器,但是在双轴燃气涡轮发动机中,燃气发生器还应该包括低压转子中的低压压气机和带动低压压气机的那一部分低压涡轮。因此,核心机与燃气发生器是两个不同的概念。

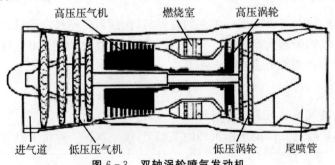

图 6-3　双轴涡轮喷气发动机

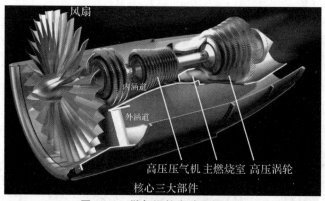

图 6-4　燃气涡轮发动机核心机

知识点 6.2:衍生燃气涡轮发动机工作机理

1.涡轮风扇发动机

为了继续增加推力,同时降低耗油率,需要增加进入发动机内的空气流量,这就衍生了一种新的发动机类型,称为涡轮风扇发动机,如图 6-5 所示。涡轮风扇发动机核心机发出的可用能量,一部分用以驱动风扇及压气机转动,另一部分在推进喷管中用于加速排出空气和燃气产生推力。

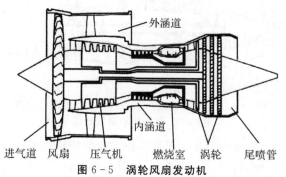

图 6-5　涡轮风扇发动机

在涡轮风扇发动机中,进气道进来的空气,经过风扇后分成两部分:①流进压气机,经过燃烧室、涡轮由尾喷管喷出,称为内涵气流,这股气流的流道称为内涵道;②由围绕内涵道的外部环形通道流过喷出机体的气流,称为外涵气流。

由于有两个涵道,涡轮风扇发动机有时又称为内外涵发动机。内外涵气流可以分别排出,也可以在排气系统内混合排出。

流经外涵与内涵道的空气流量之比,称为涵道比,也称流量比,用 B 表示。

涵道比低于 3 的发动机称小涵道比涡轮风扇发动机,涵道比大于 4 的发动机称为高涵道比涡轮风扇发动机。高涵道比的涡轮风扇发动机的迎风面积大、喷气速度小,不适宜用于超声速飞行,也不适合于直径相对较小的无人机和歼击机,目前多用于民航客机、运输机等。而无人机所用的涡轮风扇发动机均为小涵道比涡轮风扇发动机,军用歼击机所用的涡轮风扇发动机还带有加力燃烧室。

2.涡轮螺旋桨发动机

在燃气发生器后面加装一级(或多级)涡轮,燃气在这后一级涡轮(一般称为动力涡轮或低压涡轮)中膨胀做功,驱动该级涡轮高速旋转并发出一定功率,动力涡轮的前轴(称动力轴)穿过核心机转子,通过压气机前的减速器驱动螺旋桨,就组成了涡轮螺旋桨发动机,如图6-6所示。这部分从高温燃气获得的能量是压气机及其附件所需能量之外的额外能量,用于驱动螺旋桨转动。

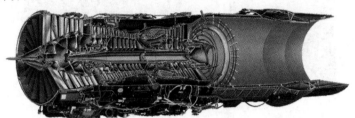

图 6-6　带加力的涡轮风扇发动机

涡轮螺旋桨发动机将燃气发生器产生的大部分可用功通过涡轮、减速器螺旋桨传给通过螺旋桨的大量空气,使螺旋桨产生拉力。其余一小部分可用功以燃气动能的形式从尾喷管喷出,产生反作用推力,如图6-7所示。

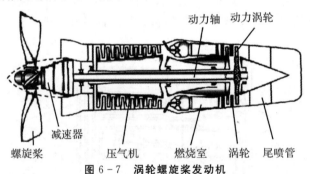

图 6-7　涡轮螺旋桨发动机

涡轮螺旋桨发动机与活塞动力无人机都是以螺旋桨旋转时所产生的力作为无人机前进的推进力,但是涡桨发动机驱动螺旋桨的动力来自燃气涡轮发动机,并且其螺旋桨通常以恒定的速率运转,而活塞发动机的螺旋桨转速是变化的。

涡轮螺旋桨发动机的主要特点是将燃气发生器产生的大部分可用能量由动力涡轮吸收并从动力轴上输出,用于带动螺旋桨旋转;螺旋桨旋转时把空气排向后面,由此产生向前的拉力使无人机向前飞行。涡轮出口的燃气在尾喷管中膨胀加速并喷出,产生反作用推力。由于燃气的温度和速度极低,所产生的反作用力(推力)一般比较少,这个推力转化为推进功率时,仅约占涡轮螺旋桨发动机功率的10%以内。正因为排出发动机的能量大大降低了,即提高了推进效率,因此,涡轮螺旋桨发动机的经济性好。具有相同燃气发生器的涡轮螺旋桨发动机,在低速飞行时比涡轮喷气发动机和涡轮风扇发动机具有更大的推力。

涡桨发动机的工作原理与传统的涡扇发动机相近,涡桨发动机驱动螺旋桨后的空气流相当于涡扇发动机的外涵道,由于螺旋桨的直径比普通涡扇发动机的大很多,空气流量也远大于内涵道,因此涡桨发动机实际上相当于超大涵道比的涡扇发动机。但涡桨发动机和涡扇发动机在产生动力方面却有很大不同,涡桨发动机输出驱动螺旋桨的轴功率,尾喷管喷出的燃气产生的推力只占总推力的 5%~10%,为驱动大功率的螺旋桨,涡轮级数也比涡扇发动机要多。

装有涡轮螺旋桨发动机的无人机飞行高度一般不超过 5 000 m,飞行速度一般不超过 7 00 km/h。飞行速度受限是涡轮螺旋桨发动机的主要缺点,因而主要用于中低速支线民航机、运输机和长航时无人机。

3.涡轮轴发动机

涡轮轴(Turbo Shaft)发动机,简称涡轴发动机,是一种输出轴功率的燃气涡轮发动机,主要用于直升机动力装置。其原理与涡桨发动机相类似,主要区别是涡轮轴发动机将燃气发生器产生的可用功几乎全部从动力涡轮轴上输出,带动直升机的旋翼和尾桨,几乎没有反作用推力。涡轮轴发动机在核心机后加装一套涡轮,一般称为动力涡轮或自由涡轮,它通过自由涡轮将燃气发生器产生的可用功全部吸收并从涡轮轴上输出,几乎不产生推力,如图 6-8所示。

在核心机或燃气发生器后,加装一套涡轮(一级或多级),燃气在这后一涡轮(一般称为动力涡轮或低压涡轮)中膨胀,驱动它高速旋转并发出一定功率,动力涡轮的前轴(称动力轴)穿过核心机转子,通过压气机前的减速器减速后由输出轴输出功率,就组成了涡轮轴发动机。

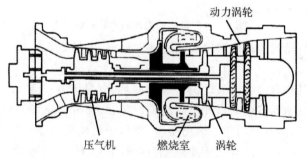

图 6-8　涡轮轴发动机

涡轴发动机的主要组成部件除了与其他类型航空燃气涡轮发动机相同的进气道、压气机、燃烧室、涡轮及排气装置等五大部件之外,通常还有机体内减速器。

涡轮轴发动机中,燃气发生器产生的可用能量基本全被动力涡轮吸收并从动力轴输出,通过直升机上的主减速器减速后驱动直升机的旋翼和尾桨;由尾喷管中喷射出的燃气的温度和速度极低,基本上不产生推力。

涡轮轴发动机主要包括定轴式和自由涡轮式两种类型。

(1)定轴式涡轮轴发动机,也称为固定涡轮式涡轮轴发动机,其涡轮既驱动压气机又驱动功率输出轴,如图 6-9所示。定轴式涡轮轴发动机的涡轮产生的功率远大于压气机所需的功率,通过减速器将其剩余的功率输出,用于带动直升机旋翼和尾桨。由于其功率输出轴与核心机为机械连接,因此具有功率传送方便,结构简单,操纵调节简单等优点。但也存在着起动性能差(起动加速慢),加速性不好,功率输出轴转速高而需要大的减速器等缺点。

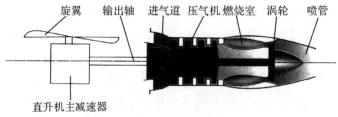

图 6-9　定轴式涡轮轴发动机

（2）自由涡轮式涡轮轴发动机由燃气发生器和自由涡轮组成。产生输出功率的自由涡轮安装在发动机功率输出轴上，此轴与核心机转子无机械联系，它们之间仅有气动联系，如图 6-10 所示。由于自由涡轮是输出轴功率的，因此又称自由涡轮为动力涡轮。自由涡轮式涡轮轴发动机与定轴式涡轮轴发动机相比，起动性能好，工作稳定，加速性能较好，调节性能和经济性好。但其结构比较复杂。

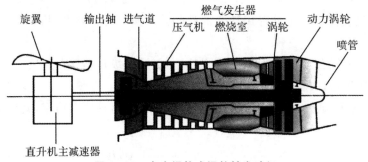

图 6-10　自由涡轮式涡轮轴发动机

大部分涡轮轴发动机为自由涡轮式涡轮轴发动机，定轴式涡轮轴发动机仅用于一些功率较小的发动机中。

涡轮轴发动机其特有的自由涡轮位于燃烧室后方（见图 6-11），高能燃气对自由涡轮做功，通过传动轴、减速器等带动直升机的旋翼旋转，从而升空飞行。自由涡轮并不像其他涡轮那样要带动压气机，它专门用于输出功率，类似于汽轮机。做功后排出的燃气，经尾喷管喷出，能量已经不大，产生的推力很小，包含的推力大约仅占总推力的 1/10。因此，为了适应直升机机体结构的需要，涡轮轴发动机喷口可灵活安排，可以向上、向下或向两侧，而不一定要向后。尽管涡轮轴发动机内，带动压气机的燃气发生器涡轮与自由涡轮并不机械互联，但气动上有着密切联系。对这两种涡轮，在气体热能分配上，需要随飞行条件的改变而适当调整，从而取得发动机性能与直升机旋翼性能的最优组合。

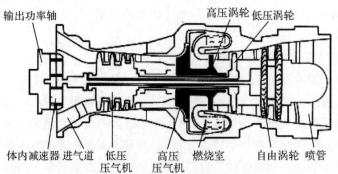

图 6-11　涡轮轴发动机结构示意图

4.桨扇发动机

桨扇发动机是一种介于涡轮风扇发动机与涡轮螺旋桨发动机之间的发动机,称为桨扇发动机(Propfan Engine)(见图 6-12),也称无涵道风扇(Unducted Fan,UDF)发动机。

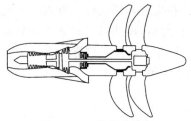

图 6-12　桨扇发动机

这种发动机由核心机和两个旋转方向相反的螺旋桨一起工作,桨叶较多(8~10 片),叶片较宽,弯曲而后掠呈马刀形,可适用于高亚声速飞行。桨扇的直径比涡扇发动机的风扇直径大,因而可以有更高的推进效率,使耗油率比涡轮风扇发动机更低。桨扇发动机克服了一般螺旋桨在飞行马赫数达到 0.65 以后效率急剧下降的缺点,优越性保持到飞行马赫数 0.8 左右,使其既具有涡桨发动机的低油耗,又具有涡扇发动机适于高速飞行的特点。

任务 6.2　发动机系统构造

▶任务描述

航空燃气涡轮发动机的工作部件主要包括进气道、压气机、燃烧室、涡轮和尾喷管。为了使发动机能够稳定地工作,需要给这些结构配合相应的工作系统,包括空气系统、起动点火系统、滑油系统和燃油系统等。

▶学习目标

(1)熟悉航空燃气涡轮发动机的结构组成及各部件的功能作用;

(2)熟悉进气道的类别及应用场景;

(3)理解离心式压气机和轴流式压气机的工作机理;

(4)理解轴流式压气机发生"喘振"的原因,掌握避免发生"喘振"的措施;

(5)熟悉燃烧室的类型及各自的优、缺点。

▶任务学习

知识点 6.3:进气道

为了能够让气流顺利地进入发动机核心机,需要在无人机或发动机短舱进口到压气机进口增加一段管道,称为进气道。对进气道的基本要求是保证供给发动机所需的空气量,并且使气流以均匀的速度和压力进入压气机,从而避免压气机叶片的振动和压气机失速。

进气道类型可以按照形状及工作特性分为多种类型。最常用的是按照适用的飞行速度来分,进气道有亚声速进气道和超声速进气道两种类型。

1.亚声速进气道

在亚声速飞行的无人机上,发动机进气道由壳体和前整流锥组成,目前亚声速无人机发动机使用的是典型的空速管形短进气道,如图 6-13 所示。进气道的进口,或称为"唇口",设计为翼型,使气流能以最小的损失进入进气道。当侧风进气时,进气道可避免气流在进口的分离。即使气流分离了,进气道所造成的损失也最小。唇口逐渐收缩而形成进气道的最小截面,即"喉部"。喉部的尺寸决定了发动机的进气量。从喉部开始至压气机进口,截面逐渐扩张。空气以大气压力进入进气道后,边流动,边扩压。经过扩张后,使得压气机进口流场均匀,以利于压气机工作。

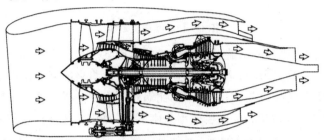

图 6-13 亚声速进气道及气流通道

2.超声速进气道

如果飞行马赫数进一步增大,正激波导致的总压损失就会急剧增大,亚声速进气道成为超声速飞行的阻碍,因而必须更换进气道结构,采用超声速进气道。超声速进气道要求从亚声速到超声速飞行范围内都具有满意的性能以及与发动机匹配工作,通常采用收敛-扩张型或变几何面积进气道,以满足空气扩压和压气机进口的需求。

超声速气流先在收敛型通道内减速扩压,直到最小截面处,即进气道的"喉部",气流达到声速。气流在喉部产生正激波,经过正激波后,气流变为亚声速,之后进入扩张通道,进一步减速扩压,这样到了压气机进口,气流速度就比较低了。依据气流减速扩压的过程,超声速进气道可分为内压式、外压式和混合式,如图 6-14 所示。

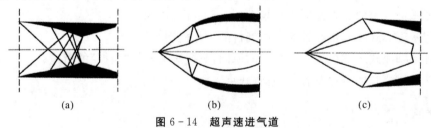

(a)   (b)   (c)

图 6-14 超声速进气道
(a)内压式;(b)外压式;(c)混合式

(1)内压式超声速进气道。它由特殊型面构成的先收敛后扩张型的管道组成,如图 6-14(a)所示。特殊型面使超声速气流在管道的收敛段经过一系列压缩波减速,在管道最小截面处(喉部)达到声速,然后在扩张段气流继续作亚声速减速流动。气流由超声速变为亚声速的扩张过程完全在进气道完成。

虽然内压式进气道避免了气流在外压式进气道减速过程中的激波损失,也避免了气流通过斜激波时产生的折角,但是它存在非常严重的"起动"问题,因此当前很少投入应用。

(2)外压式超声速进气道。其气流的减速扩压过程完全发生在进口之外,进气道的内部是亚声速的扩压管道,如图 6-14(b)所示。外压式超声速进气道是利用一道或多道斜激波再加上一道正激波使超声速气流变为亚声速气流而减速增压的,激波系中的激波数目越多,则在同样的飞行马赫数下,总压损失越小,总压恢复系数越大。

(3)混合式超声速进气道。它综合了内压式和外压式超声速进气道的特点,在外部经过斜激波进行减速,然后以超声速由唇口进入进气道,在喉部或者扩张段经过正激波减为亚声速,如图 6-14 (c)所示。

混合式进气道综合了外压式和内压式进气道的优、缺点。混合式进气道气流进入时偏转小于外压式,相同飞行马赫数下总压恢复系数比外压式要高,外阻也较小。与内压式进气道同样存在"起动"问题,但是由于经过前段外压的减速,内部气流马赫数较低,喉道面积调整范围也较小,缓和了"起动"问题。

知识点 6.4:压气机

航空燃气涡轮发动机能够产生推力的前提是吸入大量的空气,进入发动机的空气越多,产生的推力越大。能够使空气吸入发动机的部件是压气机。压气机的作用是对气体进行压缩,提高空气的压力,以便混合气燃烧以后能够更好地膨胀,从而增大发动机的推力。

1.压气机分类

根据气流流过压气机的流动特点,压气机分为离心式压气机(见图 6-15)、轴流式压气机(见图 6-16)和混合式压气机(见图 6-17)。

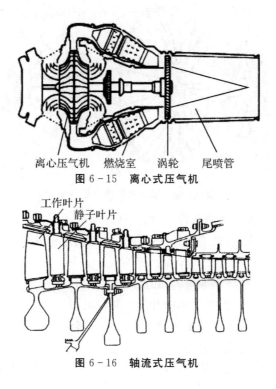

离心压气机　燃烧室　涡轮　尾喷管

图 6-15　离心式压气机

工作叶片
静子叶片

图 6-16　轴流式压气机

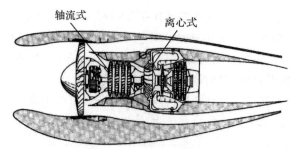

图 6-17　混合式压气机

离心式压气机是空气在工作叶轮内沿远离叶轮旋转中心的方向流动;轴流式压气机是空气在工作叶轮内基本沿发动机的轴线方向流动;混合式压气机是轴流式和离心式组合在一起的压气机。

2.离心式压气机

离心式压气机由导风轮(或称进气装置、进气系统等)、叶轮、扩压器和集气管等组成,如图 6-18 所示,其中叶轮和扩压器是两个主要部件。

(1)导风轮。导风轮位于叶轮的进口处,其通道是收敛型的,使气流以一定的方向均匀地进入工作叶轮,以减小流动损失,空气在流过它时速度增大,而压力和温度下降。

为了将空气无冲击地引入离心叶轮,导风轮的叶片进气边缘向转动的方向弯曲。为了满足气流进入转动部分的相对速度方向,进气边缘在叶尖弯曲较大,而在叶根弯曲较小。导风轮以中心孔安装定位在离心叶轮轴上,由离心叶轮用销钉带动。

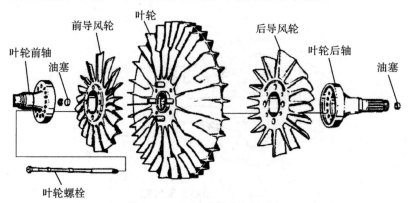

图 6-18　双面叶轮离心压气机

(2)叶轮。叶轮是高速旋转的部件,叶轮上叶片间的通道是扩张型的,空气流过它时,它对空气做功,增大空气的流速,这为气体在扩压器中的增压创造了条件,同时提高了空气的压力,这就是扩散增压。

在叶轮内除了利用扩散增压原理外,还利用离心增压原理来提高空气的压力。所谓离心增压是说气体流过叶轮时,由于气体随叶轮一起做圆周运动,气体微团受惯性离心力的作用,气体微团所在位置的半径越大,则圆周速度越大,气体微团所受的离心力也越大,因此叶轮外径处的压力远比内径处的压力高。

叶轮是在一个锻造的盘的一侧或两侧上有整体式径向配置的导向叶片,如图 6-19 所示。导向叶片通常采用径向平直的,为了使空气从导流器中易于进入旋转的叶轮,叶轮中心部分向旋转方向弯曲。

轮盘的一侧安装有叶片的称为单面叶轮,如图 6-19(a)所示。单面叶轮从一面进气,可以充分利用冲压作用,而且便于在机身上安装。为了获得更高的增压比,一般可采用两级单面叶轮,这样,可以在不增大迎风面积的条件下,增大推力并提高经济性。轮盘的两侧都安装有叶片的称为双面叶轮,如图 6-19(b)所示。双面叶轮从两面进气,这样可以增大进气量,而且对于平衡作用于轴承上的轴向力也有好处。

(3)扩压器。扩压器位于叶轮的出口处,其通道是扩张型的,常见的有叶片式扩压器和管式扩压器。图 6-20 所示为叶片式扩压器结构。

空气流过扩压器时,将动能转变为压力位能,使速度下降,压力和温度都上升。在离心式压气机中,通常空气压力的升高一半在叶轮中,另一半在扩压器中。扩压器组件可以和机匣是一整体件或是一单独连接的组件,这些叶片与叶轮相切,其内缘与叶轮出口处的气流方向一致。

(4)集气管。集气管与燃烧室相连,其作用是进一步降低气流速度,提高压力,并把压缩空气送入燃烧室,如图 6-20 所示。为了减少流动损失,在集气管的弯曲部分内装一些弯曲的叶片,使气流沿着叶片引导的方向流动。

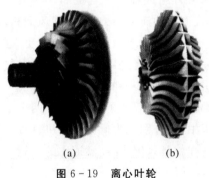

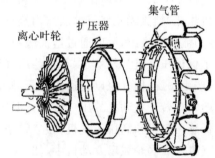

图 6-19　离心叶轮

(a)单面叶轮;(b)双面叶轮

图 6-20　叶片式扩压器结构

离心式压气机的主要优点是结构简单,轴向尺寸短,工作可靠,性能比较稳定。与轴流式压气机相比,其单级增压比较大(4~6),现代离心式压气机增压比可以达到 15 左右。但是这种压气机单位面积的流通能力低,迎风面积较大,流动损失也大,尤其级间损失更大,工作时效率较低,一般离心式压气机的效率最高只有 83%~85%,甚至不到 80%,因此一般只使用两级,不适用于多级,如图 6-21 所示。从 20 世纪 50 年代之后,除小型涡轴、涡桨发动机及辅助动力系统以外,不再使用离心式压气机。但是,它与轴流压气机配合作为压气机的最后一级,在小型动力装置上却得到了广泛应用,主要用于无人机、靶机或直升机。

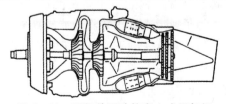

图 6-21　两级单面叶轮离心式压气机

3.轴流式压气机

(1)叶片组件。轴流式发动机内气流通过压气机基本上沿轴向流动,发动机内旋转的部件称为转子,不动的部件称为静子,如图6-22所示。转子一般由工作叶片、轮盘(鼓筒)、轴和连接件组成,在轮盘的轮缘上安装若干个工作叶片便形成工作叶轮,工作叶片是通过榫头安装在轮盘轮缘上的榫槽内的。静子是由整流器(整流环)和机匣构成的,每个整流环由外环、内环和若干个整流叶片形成,整流叶片先固定在内、外环之间,或几个叶片成组地装配在一起,然后再固定在机匣上,形成不动的静子。

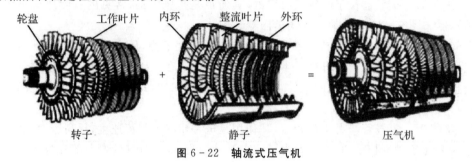

图6-22 轴流式压气机

压气机是多级装置,一排转子叶片和一排静子叶片组成轴流压气机的一个级。与离心式压气机相比,轴流式压气机虽然结构复杂,其单位面积的流通能力更高,迎风面积较小,阻力小,级间流动损失小,可以通过增加级数来提高压气机的总增压比,从而获得更大的推力。

为了保证压气机工作稳定,在某些压气机第一级前面装有进口导流叶片,引导气流的流动方向,产生预旋,使气流以合适的方向进入压气机,获得所需要的流场分布。

一般将单转子发动机的压气机分为低压区和高压区;在双转子压气机中,两个压气机分别称为低压压气机和高压压气机;在三转子压气机中,则分别称为低压压气机、中压压气机、高压压气机。在涡轮风扇发动机中,低压压气机往往就是风扇,在高涵道比的涡轮风扇发动机中,大风扇后常常在内涵道中设有2~4级的低压增压级,如图6-23所示。

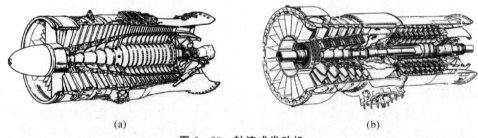

(a)　　　　　　　　　　　　　　　(b)

图6-23 轴流式发动机

轴流式压气机工作时,转子叶片由涡轮带动高速旋转,空气加速,推向后排静子叶片。转子速度提高,空气在随后的静子通道中扩压并将动能转换成压力。静子叶片对空气偏斜有矫正的作用,并将空气以正确的角度送到下一级转子叶片或燃烧室。

(2)失速、堵塞与喘振。

1)失速与堵塞。气流在轴流式压气机工作叶片(叶轮)进口处相对速度的方向与叶片弦线之间的夹角α称为气流迎角,如图6-24所示。一般规定气流方向在弦线下方,迎角为正,反之,迎角为负。影响迎角主要有转速和气流在工作叶片进口处的绝对速度(大小和方向)两种因素。

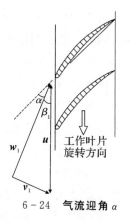

6-24　**气流迎角** α

气流在工作叶片进口处的绝对速度 c_1 在发动机轴线上的分量 c_{1a} 和工作叶片旋转的切向速度 u 之比称为压气机的流量系数 D,则有

$$D = c_{1a}/u$$

若流量系数小于设计值,则气流迎角为正迎角,正迎角过大会使气流在叶背处分离;若流量系数大于设计值,则气流迎角为负迎角,负迎角过大会使气流在叶盆处发生分离,从而使压气机工作状态处于涡轮状态。

当压气机的转速一定时,如果由于某种原因压气机的空气流量减少,导致工作叶片进口处绝对速度在发动机轴线方向上的分量下降,使气流迎角上升,在迎角过大的情况下,气流在叶背处发生分离,这种在压气机叶片上发生的现象叫失速,如图 6-25 所示。

当发动机转速一定时,由于某种原因使工作叶轮进口处绝对速度在发动机轴线方向上的分量上升,使迎角下降,如果负迎角过大,气流在叶盆处分离,使叶片通道变小,甚至出现喉道,发生堵塞,如图 6-26 所示。

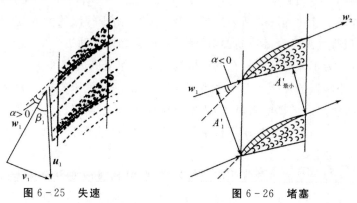

图 6-25　**失速**　　　　　　　图 6-26　**堵塞**

当压气机空气流量减小而使气流迎角增大到临界迎角附近时,气流工作叶片中的某几个叶片可能首先发生分离,失速区就朝着与叶片旋转方向相反的方向移动,这种移动速度比牵连速度要小,所以站在绝对坐标系地面上观察时,失速区以较低的转速与压气机工作叶片

做同方向的旋转运动,称为旋转失速。

2)喘振。喘振是轴流式压气机工作的一种不正常现象,是指气流沿压气机轴线发生的低频率、高振幅(强烈的压力和空气流量波动)的气流振荡现象。发生喘振时,空气不能在压气机内正常向后流动而是向前返回。喘振会造成发动机振动,压气机出口总压和流量大幅波动,转速不稳定,有时会出现发动机熄火,有时在发动机进口处会出现气流吞吐现象,包括燃烧室内的高温高压燃气倒流"吐火"现象,即从进气道中喷火。有时会发出低沉的噪声,严重时会有放炮声。喘振会造成工作叶片振动,如果不及时处理,或处理不当,那么可能由于剧烈振动而导致压气机叶片快速损坏,或由于高温而损坏燃烧室和涡轮叶片。

发生喘振的根本原因是进入压气机的空气流量不能与压气机转速相适应。在设计状态下,气流能够很好地流过叶片通道,此时迎角合适,气流能平滑地流过工作叶片表面。但当偏离设计转速后,如低转速,起动过程及发动机加、减速时,空气的流动速度就不能很好地与转子转速配合,而造成气流迎角加大。迎角大到一定程度,气体就开始在叶背后缘分离。若分离区扩散到整个叶栅通道,则压气机叶栅完全失去扩压能力。这时,工作叶片就再也没有能力克服后面较高的反压,推着气流向后流动了,于是流量急剧下降。不仅如此,由于叶栅没有了扩压能力,后面的高压气体还可能通过分离的叶栅通道倒流至前方,这就是喘振时"吐气"的原因。气流返回后,使整个压气机的流路变得瞬间通畅,于是瞬间大量的气体又被重新吸入压气机,开始向后流动。但由于转速与流量还是不匹配,所以,气流就又分离,再返回。从而出现流动、分离、返回这种脉动现象,严重时气流就会逆向冲出压气机。这样的物理过程如图 6-27 所示。

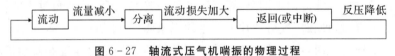

图 6-27　轴流式压气机喘振的物理过程

喘振时,气流的压力和流量都会发生这种脉动,同时压气机的效率和增压比会大大降低。气流的这种不均匀的脉动,会使压气机叶片发生剧烈振动,在叶片上产生很大的应力,造成工作叶片和静子叶片的疲劳断裂。当喘振发生时,由于气流的倒流,进入燃烧室的空气减少,从而会造成排气温度升高或超温,控制不好还会烧坏发动机。

3)防喘措施。为了保证压气机在发动机的整个工作范围内都能工作正常,一般都要采取一些措施来防止喘振的发生。对于多级压气机来说,一般是压气机的级数越多,设计增压比越高,压气机各级之间的影响就越大,当偏离设计状态时,压气机就越容易发生喘振。

发动机上常用的防喘措施是压气机中间级放气、可调静子叶片和进口导向叶片,以及压气机设置为双转子或三转子。

压气机中间级放气是通过放气阀或放气带实现,是通过改变气流流量改变工作叶轮进口处绝对速度的大小,来改变其相对速度的大小和方向的,如图 6-28 所示。

当放气阀或放气带打开时,由于增加了排气通道,前面级的进气量增加,轴向速度增加,改变了相对速度的方向,正迎角减小;对于后面的级,由于中间级放气,空气流量减少,轴向速度减小,也改变相对速度的方向,负迎角增大,达到防喘目的。

放气阀一般安装在压气机的中间某级或末级。压气机喘振时，一般是前面的级在大的正迎角下工作，后面的级在大的负迎角下工作，即"前喘后堵"。如果能从压气机的某级把气体放掉，达到修正气流速度的效果，就能使压气机脱离这种"前喘后堵"的状态。

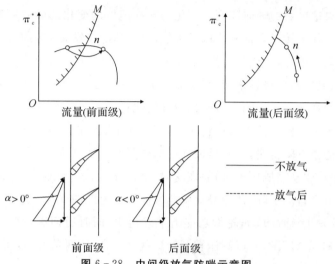

图 6 - 28　中间级放气防喘示意图

中间级放气防喘机构优点是结构简单，有利于压气机在低转速下工作的稳定。其缺点是将增压后的空气放入大气，降低了压气机的效率，减小了发动机的输出功率，放气时还会增加放气口附近叶片的激振力，以致造成叶片断裂。

可调静子叶片和进口导向叶片通过改变静子叶片安装角，改变工作叶片进口处的绝对速度的方向，即改变预旋量，改变工作叶轮进口处的相对速度的方向，减小迎角，使工作叶片进口处相对速度方向保持在要求的范围内，从而达到防喘的目的，如图 6 - 29 所示。可调静子叶片调整过程是当转速低时，关闭静子叶片，使进入压气机的空气流量减少，而随着压气机转速的增加，静子叶片逐渐打开，增加进气量，直到最大开度为止。

可调静子叶片优点是可以防喘，在非设计点的效率高，改善发动机的加速性能，适用于高增压比的发动机；缺点是需要增加一套控制机构。

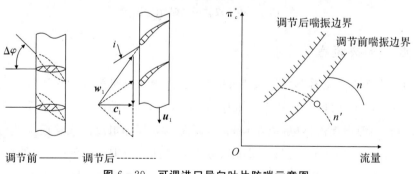

图 6 - 29　可调进口导向叶片防喘示意图

双转子或三转子防喘原理是通过改变转速，即改变压气机动叶的切线速度的办法来改变工作叶轮进口处相对速度的方向，以减小迎角，达到防喘的目的，如图 6 - 30 所示。

喘振时会出现"前喘后涡"现象,原因是前、后几级的轴向速度下降和轮缘速度下降不成比例。前面几级的轴向速度比轮缘速度下降得快,结果造成大迎角而进入不稳定状态;后面几级则刚好相反,轴向速度比轮缘速度下降得慢,结果使迎角进入很大的负迎角,进入堵塞或涡轮状态。如果这些级的轴向速度的变化与轮缘速度的变化能够协调的话,压气机也就能稳定地工作了。在单转子上这种协调是不能做到的,所以发展了双转子或三转子发动机。

在双转子发动机中,压气机分为高、低压两个压气机(前面为低压压气机、后面为高压压气机),相应由高、低压两个涡轮来带动,从而形成两个转子。两个转子之间没有机械连接,它们靠气动匹配联系在一起。两个转子的设计转速也不同。在不同的工作状态下,高、低压涡轮产生的功率也不一样。偏离设计转速时,多级涡轮的特性表明,后面级涡轮的做功能力比前面级的做功能力下降得快,也就是说低压涡轮做功能力下降更明显。低压涡轮驱动低压压气机,高压涡轮驱动高压压气机,而在这时,低压压气机由于迎角大而变得"重",所以,低压压气机转速就会自动下降,使轮缘速度与气流轴向速度的下降相适应,从而导致迎角减小,而避免喘振的发生,而高压涡轮做功能力下降得少,同时后面级(高压压气机)处于"涡轮"状态,或者说其变"轻"了,所以高压转子转速就会升高,使迎角增加,而退出"堵塞"状态。

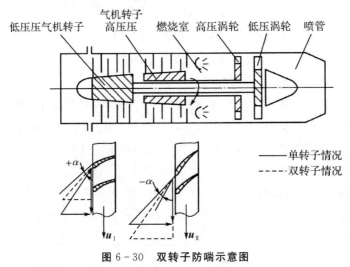

图 6 - 30　双转子防喘示意图

知识点 6.5:燃烧室

一般的燃烧室由扩压器、火焰筒、燃油喷嘴、点火器和机匣组成。从压气机进来的气流首先通过扩压器降低速度,为燃烧室提供稳定、均匀的流场,随后进入火焰筒。火焰筒是组织燃烧的场所,一般由涡流器(旋流器)和火焰筒筒体等部分组成。火焰筒头部的旋流器使气流形成低轴向速度的区域,再与经过喷嘴雾化的燃油进行混合,经过点火器点燃,发生化学反应,产生热能,把压气机增压后的空气加热到涡轮前允许温度,从而以最小的压力损失,在有限空间释放出最大的热量,实现供给涡轮所需的均匀加热的平稳燃气流。

燃烧室工作的重量将直接影响发动机的工作与性能,燃烧室在高温环境下工作,条件十分恶劣,因此对燃烧室的基本要求是点火可靠,燃烧稳定,燃烧完全,压力损失小,出口温度场分布满足要求,尺寸小、重量轻、寿命长。

1. 燃烧室燃烧过程

涡轮发动机燃烧室的基本组成及工作原理如图 6-31 所示。

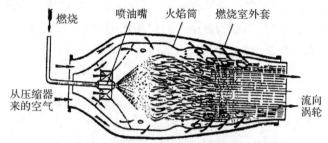

图 6-31 涡轮发动机燃烧室的基本燃烧过程

发动机工作时,经高压压气机压缩的空气,进入燃烧室,一边向后流动,一边与喷嘴喷出的燃油混合燃烧,一边向后传播。发动机起动时,混合气由点火装置产生的火花点燃;起动后,点火装置不再工作,新鲜混合气全靠已燃混合气的火焰回火引燃。混合气燃烧后,温度升高,形成高温、高压燃气,进入涡轮和喷管,膨胀做功。

(1)稳定燃烧条件。燃烧室稳定燃烧的条件是燃烧时的气流速度等于火焰的传播速度,所以必须采取措施降低空气的流速,并提高火焰的传播速度,以保证能达到稳定燃烧的条件。

首先要形成局部低速区域,亦即在局部降低空气的流速。降低气流速度可采用扩散器、旋流器和分股进气等方法。

采用扩散器时,燃烧室前部通道为扩张型,亚声速气流在扩张型的管道内,速度下降。

采用旋流器时,旋流器安装在火焰筒的前部,当空气流过旋流器时,由轴向运动变成旋转运动,气流被惯性离心力甩向四周,使燃烧区中心部分空气稀薄,形成一个低压区,于是火焰筒四周的空气及后部一部分高温燃气便向火焰筒中心的低压区倒流,形成回流,在回流区形成稳定的点火源,如图 6-32 所示。

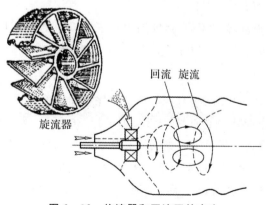

图 6-32 旋流器和回流区的产生

采用分股进气时,由压气机来的空气分成两股进入燃烧室:第一股气流由燃烧室的头部经过旋流器进入,25%左右,与燃油混合,组成余气系数稍小于1的混合气进行燃烧;第二股气流由火焰筒壁上开的小孔及缝隙进入燃烧室,占总进气量的75%左右,用于降低空气速度,补充燃烧,与燃气掺混,稀释并降低燃气温度,满足涡轮对温度的要求,如图6-33所示。从旋流叶片进来的空气和从二股气流孔进来的空气互相作用,形成低速回流区,起稳定和系留火焰的作用。从喷嘴呈锥形喷出的燃油与回旋涡流的中心相交,这样和主燃区的湍流一起,极大地帮助破碎燃油并使之与空气混合,如图6-34所示。

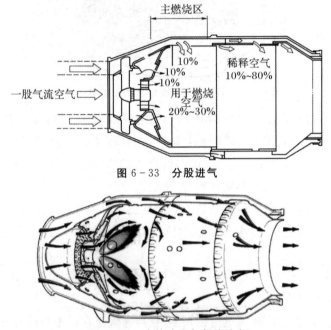

图6-33 **分股进气**

图6-34 **火焰稳定与气流流向**

(2)燃油雾化与火焰传播。对已经混合好的混合气来说,影响火焰传播速度的因素主要有混合气的余气系数,混合气的初温、初压,气流的湍流强度和燃油的雾化程度,等等。从其影响因素来看,要提高火焰的传播速度应从促使燃油迅速汽化、组成余气系数合适的混合气和增大湍流强度等三方面着手。

燃油的雾化是通过喷油嘴实现的,目前涡轮喷气发动机通常使用的喷油嘴有离心式喷油嘴、蒸发管式喷油嘴和气动式喷油嘴等。

2.燃烧室基本类型

涡轮发动机燃烧室常采用分管燃烧室、环管燃烧室和环形燃烧室3种类型。

(1)分管燃烧室。分管燃烧室如图6-35和图6-36所示,内、外壳体之间有6~16个单管燃烧室,每个单管燃烧室有单独的火焰筒和外套,火焰筒前安装有旋流器、喷油嘴,通常在4点钟和8点钟位置的单管燃烧室上装点火装置,各个单管燃烧室之间有联焰管相连。

这种燃烧室的最大优点就是抗变形能力强,维护、检查、更换方便,不需要分解发动机。但其环形截面积的利用率低,燃烧室内的流动损失大。由于起动时靠联焰管把火焰传给不同的火焰筒,所以高空熄火后,再起动困难。燃烧室出口温度场分布不均匀,结构上包裹火焰筒所需的材料多,所以整个燃烧室的重量大。

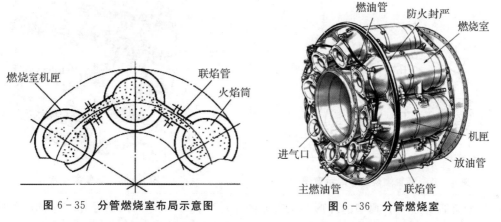

图 6-35　**分管燃烧室布局示意图**　　图 6-36　**分管燃烧室**

图 6-37 所示为分管燃烧室中典型的单管结构。壳体和火焰筒头部之间构成扩压通道,用来降低流速,提高压力,保证燃烧顺利进行和减少压力损失。火焰筒是一个在侧壁面上开有多排直径大小不同形状各异的孔及缝的薄壁金属结构,燃烧在其内部进行,保证燃烧充分,掺混均匀并使壁面得到冷却。联焰管起着传播火焰,点燃没有点火装置的火焰筒内的燃油以及均衡压力的作用。喷油嘴用来供油,并使燃油雾化或汽化,以提高火焰传播速度,利于稳定燃烧。旋流器使进气在叶片的引导下旋转,形成回流区,保证火焰稳定。点火装置产生高能电火花,点燃燃油和空气混合气。

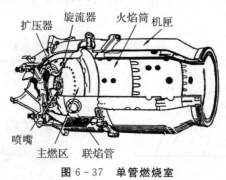

图 6-37　**单管燃烧室**

(2)环管燃烧室。环管燃烧室多用于轴流式压气机的发动机上,如图 6-38 和图 6-39所示。环管燃烧室是由若干个单独的管形火焰筒沿周向均匀排列在内、外壳体之间形成的环形腔里,相邻火焰筒之间用联焰管连接。在每个火焰筒前安装有旋流器、喷油嘴,通常只在 4 点钟和 8 点钟位置的火焰筒上装点火装置。

这种燃烧室是从分管燃烧室到环形燃烧室之间的过渡。其特点是,相对分管燃烧室来说,其迎风面积要小,同时其也具有单管火焰筒抗变形能力强的特点;由于也要靠联焰管传递火焰,所以点火性能也较差,但比单管强;燃烧室出口温度场分布不如环形均匀,但大修时每个火焰筒都可单独更换。

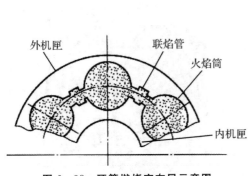

图 6-38　环管燃烧室布局示意图

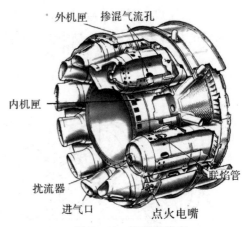

图 6-39　环管燃烧室

（3）环形燃烧室。典型的环形燃烧室如图 6-40、图 6-41 所示，它是由 4 个同心的圆筒组成，最内、最外的两个圆筒为燃烧室的内、外壳体，中间两个圆筒所形成的通道为火焰筒。火焰筒的头部装有一圈燃油喷嘴和火焰稳定装置。环形燃烧室是现代涡轮发动机上最常用的一种，与前面两种燃烧室比较，这种燃烧室气流通道与压气机出口和涡轮进口的环形气流通道可以有很好的气动配合，因而可以减少流动损失，而且还能得到较均匀的出口周向温度场。由于火焰筒筒壁的面积减少很多，冷却筒壁所需的冷却空气量也大大减少，使燃烧效率得到提高。由于只有一个火焰筒，所以它也不存在火焰传播问题。发动机环形截面的利用率最大，迎风面积最小，具有重量轻、长度短的优点。

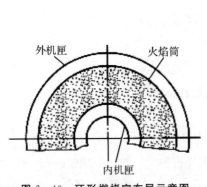

图 6-40　环形燃烧室布局示意图

图 6-41　环形燃烧室

为便于在火焰筒的头部组织燃烧，把环形火焰筒的头部做成若干个类似联管燃烧室火焰筒的头部结构，在这些单独的头部后面再转接成环形的掺混区，这种形式的燃烧室又称为混合式燃烧室，如图 6-42 所示。

每个头部都安装有旋流器和燃油喷嘴，一股气流从每个单独的头部进入火焰筒，与经喷油嘴雾化后的燃油混合，形成主燃区。这种燃烧室在早期的一些发动机上应用很多。

图 6-42　带单独头部的环形燃烧室

（4）折流环形燃烧室。对于小型燃气涡轮发动机,因其流量小,转速高,可以采用离心式压气机和燃油从发动机轴内腔经甩油盘离心甩出的供油方式。为了充分利用空间尺寸,缩短转子支点的距离,可以采用折流环形燃烧室。折流环形燃烧室的火焰筒由内、外壁组成。

图 6-43 所示为折流环形燃烧室。离心式压气机出来的空气分 3 路折流进入火焰筒:第 1 路由前进气盘壁上的孔和缝隙流入;第 2 路经涡轮空心导向叶片,由火焰筒内壳、后进气锥上的孔流入;第 3 路经火焰筒外壁的进气斗流入。燃烧室内、外壁后端,沿圆周分别用螺钉和螺栓固定在一级涡轮导向器的内、外环上。环绕在涡轮轴上的挡气环套内有前、后两组密封槽,在两组槽间引入第 2 路气体以保证涡轮轴的冷却。燃油从发动机轴甩油盘离心甩出。

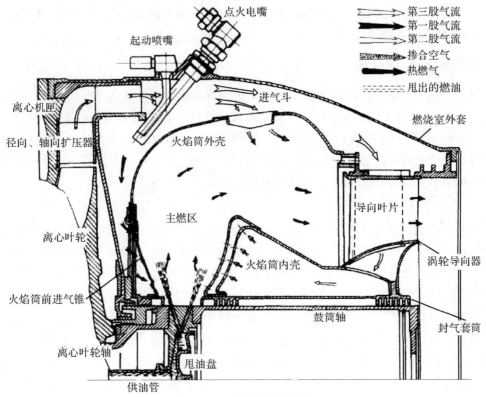

图 6-43　折流环形燃烧室

虽然有较多优点,但是环形燃烧室的缺点也比较明显。首先是沿圆周均匀分布的各个离心喷嘴喷油所形成的燃油分布和环形通道的进气不易配合好。其次,环形燃烧室的设计调试比较困难,需要有大型的气源设备。当然由于仅有一个环形火焰筒,在使用中装拆维护也比较复杂。

3. 燃烧室冷却

航空发动机性能不断提高,发动机的工作压力和涡轮前温度越来越高,燃烧室的工作条件和技术指标要求越来越苛刻,突出的技术矛盾是在燃烧室负荷越来越高的情况下,满足高的燃烧性能和小的重量要求,燃烧释放的燃气温度是 $1\,800\sim2\,000℃$,传统技术是采取冷却方式。

火焰筒内是燃烧着的高温燃气,所以必须对火焰筒采取一定的冷却措施,以降低筒壁温度,延长其工作寿命。目前火焰筒常用的冷却技术就是气膜冷却技术。

气膜冷却在燃烧室冷却中应用最广泛,其原理就是二次气流在火焰筒内表面形成一层冷却空气膜。气膜把高温燃气与筒壁隔离开,从而防止热辐射和热对流对筒壁的影响。该种冷却方式结构简单、重量轻,消耗的空气少。一般来说,气膜冷却所用空气量为总流量的 $25\%\sim35\%$。

最简单的气膜冷却结构是在火焰筒壁上钻一些小孔,由于小孔的直径较小,所以空气进入火焰筒的射流深度很浅。空气进入火焰筒后,紧贴火焰筒内表面迅速散开,形成气膜冷却的保护层。

为了增强冷却效果,可采用不同的结构方式。常见的有缩腰小孔气膜冷却、波形板气膜冷却、冷却环气膜冷却等。

知识点 6.6:涡轮系统

涡轮是燃气涡轮发动机的重要部件之一,安装在燃烧室的后面,是在高温燃气作用下旋转做功的部件,带动压气机和附件。在涡桨和涡轴发动机中,涡轮还带动螺旋桨和旋翼等。

涡轮和压气机同是和气流进行能量交换的叶片机,它们之间有许多相似之处,但是涡轮和压气机与气流间的能量交换在程序上正好相反。此外,涡轮叶片在高温条件下高速旋转,工作环境极其恶劣,因此在结构设计和材料选取方面给予更多关注。

1. 涡轮类型

空气和燃油在燃烧室混合燃烧以后,释放的能量被涡轮吸收,一部分转化为机械能,一部分用来带动压气机转子、螺旋桨(涡桨)或旋翼(涡轴)来工作。涡轮分为径向式和轴流式两种。径向式涡轮一般与离心式压气机配合使用,总是单级,主要用于小功率燃气涡轮发动机,而轴流式涡轮一般与轴流式压气机配合使用,主要用于大型燃气涡轮发动机。

2. 涡轮组成

涡轮由静子和转子两部分组成,涡轮静子又称涡轮导向器,涡轮转子又称涡轮工作轮。类似于压气机,按照转子数目来分,涡轮也分为单转子和多转子结构。同样类似压气机,一排静子叶片和一排转子叶片组成涡轮的一个级。由于气体通过涡轮膨胀做功,气体比容增大,密度减小,因此涡轮的气流通道截面是逐渐增大的,呈扩张形。

3.涡轮冷却

由于燃气温度高,涡轮部件必须冷却,这样既可以增加涡轮部件的寿命,又可以间接提升涡轮效率。在涡轮中,需要冷却的部件有导向器、榫头以及转子叶片。涡轮导向器叶片和转子叶片内部一般被设计成复杂的冷却通道,如图 6-44 及图 6-45 所示。单通道内部对流冷却具有很大的实用效果,主要用来自压气机的空气对其进行冷却。多通道的内部冷却涡轮叶片效果更佳,冷却的方法有很多种,如对流冷却、气膜冷却、冲击冷却等,当前大多数现代燃气涡轮发动机上是将 3 种冷却方法组合使用。

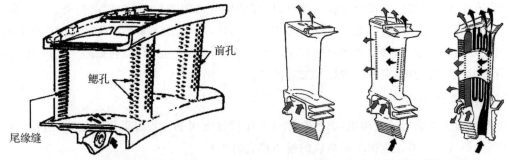

图 6-44　涡轮导向器叶片冷却　　　　图 6-45　涡轮转子叶片冷却

更高的涡轮进口温度对于发动机性能而言是有利的,但是涡轮部件工作将受到很大的影响。在如此高温的工作条件下,涡轮部件的负荷决定它们到底能够使用多久。加之转速高,涡轮材料就必须承受极高的温度负荷和离心力。因此,正确选用涡轮部件的材料显得至关重要。导向器叶片处于静止状态,耐热是其最主要的性能要求。虽然需要采用冷却来防止熔化,但仍使用镍合金、陶瓷涂层加强热阻特性,在相同的工作条件下,可减少需要的冷却空气量,从而改善发动机效率。

涡轮叶片还应当耐疲劳和热冲击,保证在燃气高频脉动影响下不致损坏。工作叶片还要能耐腐蚀和耐氧化。除了所有这些要求之外,工作叶片应当采用可以精确成形和利用现有制造方法加工的材料制造。很显然,叶片材料及允许的安全寿命有相应的最大允许的涡轮进口温度以及相应的最大发动机功率。因此,必须不断地寻求更好的涡轮叶片材料和改善叶片的冷却方法。

知识点 6.7:排气装置

发动机排气装置一般包括尾喷管、消声装置和反推装置等。尾喷管是发动机必不可少的部件,其他则根据发动机和无人机的需要进行设计或安装。比如:对于涡喷发动机,由于推力主要是尾喷排气产生,因此喷管的长度和截面形状至关重要,某些涡喷发动机,尾喷管的临界面积设计为可调式;而对于涡轴发动机,尾喷管则为排气管,仅仅起到排气作用。喷管分为亚声速喷管和超声速喷管。亚声速喷管是收敛型的管道,而超声速喷管是先收敛后扩张型的管道。

1.亚声速喷管

喷管安装在涡轮后面,作为发动机的一个重要部件,主要功用是:①将从涡轮流出的燃气膨胀加速,将燃气一部分热焰转变为动能,提高燃气速度,产生反推力;②通过反推装置改变喷气方向,使向后的喷气变为向斜前方的喷气,产生反推力;再次,设计特殊结构,减少发动机噪声;③通过调节喷管的临界面积改变发动机工作状态。

亚声速尾喷管最简单的尾喷管形式是由排气管和喷口两部分组成的,如图6-46所示,排气管位于涡轮与喷口之间,其作用是为燃气提供一个流动通道并使燃气减速,使从涡轮出来的燃气从环形通道过渡到实心通道。整流锥使气流通道由环形逐渐变为圆形,以减小燃气的涡流。整流锥靠整流支板固定在排气管内。整流支板一般做成对称叶型,起半级涡轮作用,迫使方向偏斜的气流变为轴向流动,以保证燃气轴向排出,减少流动损失。它一般为空心结构,测量排气压力或温度的探头会安装在内部,一些油管路也要穿过其到达轴承腔。除涡轴发动机的排气管外,发动机喷口是收敛型管道,使燃气加速,以获得较大的推力;在排气管内燃气减速增压,在喷口内燃气加速降压。

2.超声速喷管

超声速无人机用的发动机,燃气在尾喷管中膨胀比可达20,如果仍只使用收敛型亚声速喷管,那么燃气不完全膨胀所造成的推力损失将很大。

据估计,当飞行马赫数等于1.5时,收敛型喷管造成的推力损失为10%;当飞行马赫数等于3时,收敛型喷管造成的推力损失为50%。因此,当飞行马赫数大于1.5时,为保证燃气能充分膨胀,减少推力损失,发动机均采用收敛扩张型的可调节超声速喷管。

图6-47所示是收敛扩张型喷管,即拉瓦尔喷管。收敛段的出口现在已成为喉部,而出口则在喇叭形扩张段的末端。当燃气进入喷管的收敛段时,燃气速度增加,静压相应降低,喉部的燃气速度相当于此点声速。当燃气离开喉部流入扩散段时,速度不断增加,直到出口为止。这种动量进一步增加所产生的反作用是作用在喷口内壁上的压力作用力,该力作用于平行于喷管纵轴方向的分力,进一步增加了推力。

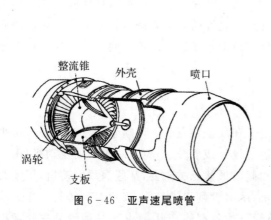

图6-46 亚声速尾喷管

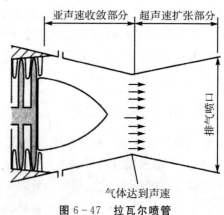

图6-47 拉瓦尔喷管

知识点6.8:空气系统

发动机空气系统里的气流是指那些对发动机推力的产生无直接影响的空气流。这些气流主要用于发动机工作的以下几方面:对发动机内部进行冷却;轴承腔封严;压气机防喘控制;涡轮叶片的间隙控制;发动机防冰,等等。

1.发动机冷却与封严

发动机内部空气气流的主要任务是内部封严、压力平衡和内部冷却,主要气流的流向如图 6-48 所示。

如前所述,燃烧室的工作环境是十分恶劣的,燃烧室内燃烧释放的燃气温度是1 800~2 000 ℃,燃气温度太高,不能直接进入涡轮导向器叶片,需冷却后进入涡轮导向器叶片。冷却在稀释区实现,火焰筒与机匣间的两股空气流中,有 20% 引入火焰筒稀释区降低燃气的温度,其余 40% 用于冷却火焰筒壁,实现这一点是借助于一层冷却空气沿火焰筒壁的内表面流动,形成一层隔热空气膜,将火焰筒壁面与热燃气隔开。

涡轮前燃气温度越高,涡轮喷气发动机的热效率越高。然而,这个温度受到涡轮叶片和导向器材料的限制,因此需要对涡轮部件进行冷却。从涡轮叶片向涡轮盘的热传导要求对轮盘加以冷却,从而防止热疲劳和不可控的膨胀率和收缩率。冷却涡轮盘的空气进入轮盘之间的空腔,并往外流过轮盘的表面,在完成冷却功能之后,排入主燃气流。

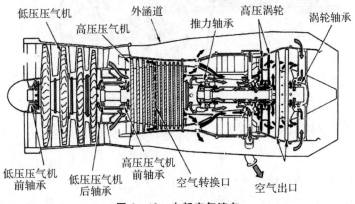

图 6-48　内部空气流向

封严件用于防止滑油从发动机轴承腔漏出,控制冷却空气流和防止主气流的燃气进入涡轮盘空腔,如图 6-49 所示。在燃气涡轮发动机上使用了多种封严方法,如算齿封严、液压封严、石墨封严和刷式封严等。选择何种方法取决于周围的温度和压力、可磨损性、发热量、重量、可用的空间、易于制造及易于安装和拆卸。

2.发动机防喘

压气机防止喘振的主要措施是采用压气机可调静子叶片、放气机构和多转子,即通过改变迎角大小,避免叶片失速。

在单轴上实现高增压比时,必须在压气机设计中采用流量控制。控制形式是在第一级上安装可调进气导向叶片。此外,随着该轴上增压比的提高,在随后的一些级中采用可调静子叶片。可调静子叶片机构是根据发动机状态控制静子叶片的角度,主要由可调静子叶片、摇臂、联动环、作动筒和控制器等组成,如图 6-50 所示。当压气机转速从其设计值往下降低时,静子叶片逐渐关小,使空气流到后面的转子叶片上的角度合适。反之,转速增加时,静子叶片逐渐开大。

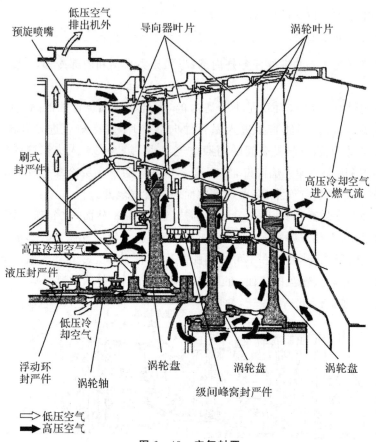

图 6-49 空气封严

　　放气机构是根据发动机状态控制放气活门的开关,打开放掉一部分压气机中间级的空气,一旦脱离喘振区,放气活门或者放气带关闭。放气机构主要由放气活门(放气带)、作动筒和控制元件等组成。活门关闭过早或晚均不利,关闭过早发动机没有脱离喘振范围,仍可能喘振;关闭过晚,放掉空气,造成浪费,影响发动机工作效率。图 6-51 所示是某型涡轮风扇发动机放气活门工作原理,两个作动筒在风扇框架的每一边,经由作动筒移动放气活门。当作动筒推向前时,活门打开,部分空气从低压压气机的最后一级流出,进入风扇排气通道;当作动筒向后时,活门关闭。

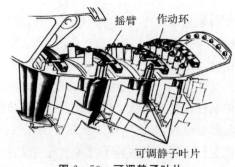

图 6-50 可调静子叶片

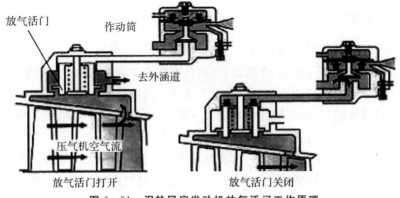

图 6-51　涡轮风扇发动机放气活门工作原理

3.发动机防冰

当无人机穿越含有过冷水珠的云层或在有冻雾的地面工作时,发动机的进气道前缘,进气整流罩、进口导向叶片都有可能结冰。防冰是必要的,这是因为结冰会大大限制通过发动机的空气流量,从而影响发动机的工作性能,并且脱落下来的冰块被吸入压气机后就会造成发动机部件损坏。

为了防止无人机某些部位结冰,常常采取适当的防冰与除冰技术。发动机防冰方法是对容易结冰的零件表面进行加温。常用热源有压气机热空气、电加热和滑油加热。

防冰用的热空气一般来自高压压气机,经防冰调节活门和供气管路送到防冰部位,如图6-52所示。进口整流罩防冰系统用过的空气可以排入压气机进口或排出机外。调节活门一般由无人机防冰探测系统的信号自动作动,管道上可有压力、温度传感器监视防冰热空气的温度和压力,一旦超限,传感器便给出信号。

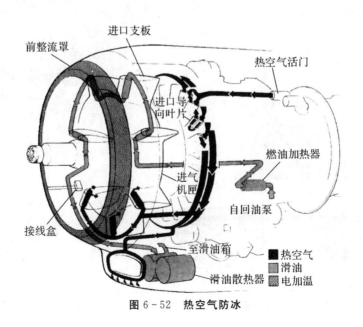

图 6-52　热空气防冰

知识点 6.9:燃油系统

无人机的不同飞行阶段(滑跑、起飞、爬升、巡航、下降、进近、复飞等)需要不同的推力(或功率),对应着发动机不同的工作状态,也就是说需要供给发动机不同的燃油量。在无人机上有无人机燃油系统和发动机燃油系统。发动机燃油系统是从无人机燃油系统将燃油供到发动机的燃油泵开始,一直到燃油从燃烧室喷嘴喷出,这中间除燃油泵外还有燃油/滑油热交换器、燃油滤、燃油控制器、燃油流量计、燃油总管和燃油喷嘴等。

(1)燃油泵主要负责供油和增压。燃油泵有低压泵和高压泵之分,低压泵能够在低燃油进口压力下使热交换器更轻便和更有效,保证高压泵的进口总能维持一定的压力;而高压泵能够产生高燃油压力,保证发动机正常工作。

燃油一般从发动机燃油泵的增压级(低压泵)出来后进入到燃油/滑油热交换器,在这里冷却滑油的同时燃油得到加温,然后燃油通过燃油滤到高压泵,如图 6-53 所示。而有的发动机燃油/滑油热交换器位于高压泵的下游,优点是外部燃油管较少,但是燃油漏进滑油冷却器的危险比低压系统高。

(2)燃油控制器主要负责计量燃油,并供应动力油、伺服油控制一些作动机构,如作动筒、活门等,除控制供往燃烧室的燃油外,还操纵控制发动机可变几何形状,例如可调静子叶片、放气活门或放气带等,保证发动机工作稳定和提高发动机性能。

(3)经高压泵增压后的燃油进入燃油控制器,计量好的燃油离开燃油控制器到燃油流量计,以便测量实际供给喷嘴的燃油重量流量。然后到燃油分配活门,经燃油总管将计量燃油分送到各个喷嘴。有的发动机机型在燃油进入喷嘴前的管路上还有油滤清洁燃油。燃油喷嘴的作用是把燃油雾化,使燃油能和空气充分混合,它是发动机燃油系统的终点。早期涡轮喷气发动机采用的是单油路离心喷嘴,为了提高雾化效果,现在已发展到双油路喷嘴和空气雾化式喷嘴,如图 6-54 所示。

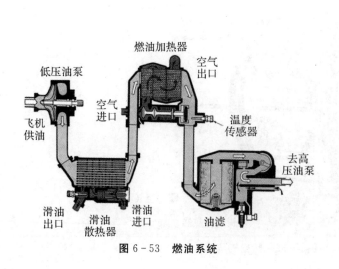

图 6-53　燃油系统

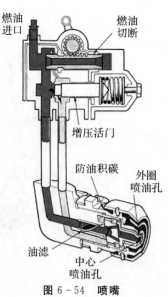

图 6-54　喷嘴

知识点 6.10：起动点火系统

为了保证航空燃气涡轮发动机能顺利起动,需要有起动系统和点火系统两个相互协调工作的系统。发动机在地面正常起动时,两个系统必须同时工作。首先由起动系统将发动机压气机转子带转到一定转速,使适量空气进入燃烧室并与燃油喷嘴喷出的燃油相混合,再由点火系统点燃燃烧室内的油气混合气,燃烧产生的高温、高压燃气带动涡轮转动,此时,压气机在起动机和涡轮的共同作用下不断加速,当转速达到一定值时,起动机退出工作。

1. 起动系统

使发动机转子的转速由零增加到慢车转速的过程,称为起动过程。航空燃气涡轮发动机的结构和循环过程,决定了它不能像汽车发动机那样自主的点火起动。在静止的发动机中直接喷油点火,压气机没有旋转,前面空气没有压力,就不能使燃气向后流动,也就无法使涡轮转动起来,这样会烧毁燃烧室和涡轮导向叶片。因此,燃气涡轮发动机的起动特点就是:先要气流动,再点火燃烧,即发动机必须要先旋转,再起动。这就是矛盾,发动机还没起动,还没点火,却要它先转动。根据这个起动特点,就必须在点火燃烧前先由其他能源来带动发动机旋转。

(1)根据发动机起动过程中,带动转子转动的扭矩与转子阻力矩的变化情况,可以将起动过程分为 3 个阶段:①由起动机开始带动发动机压气机转子转动,到涡轮发出功率,转子仅由起动机带动;②由涡轮开始发出功率起,到起动机脱开为止,压气机转子由起动机和涡轮共同带动;③由起动机脱开时止,到发动机进入慢车状态,转子由涡轮单独带动。

(2)起动机必须产生高扭矩并传递到发动机旋转组件,以提供一种平缓的方式从静止状态加速转子,供应足够的空气到燃烧室和燃油混合燃烧,直到流经发动机涡轮的燃气流提供足够的功率取代起动机的功率。

起动机的类型有很多,电动起动机和空气涡轮起动机使用较多。电动起动机主要用于涡轮螺旋桨、小型喷气发动机和辅助动力装置上。电动起动机就是一台直流电动马达,使用维护方便,尺寸小,易使起动过程自动化。图 6-55 所示为一种电动起动机,它通过减速齿轮、棘轮机构或离合器与发动机连接,当发动机达到自维持转速后能自动脱机。

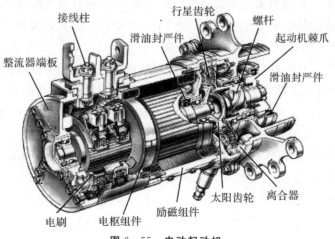

图 6-55　电动起动机

（3）空气涡轮起动机用于大型喷气发动机，由单级涡轮、减速器、离合器和传动轴等组成，如图6-56所示。空气涡轮起动机具有重量轻、扭矩大、结构简单的优点。但是空气涡轮起动机工作时需要有气源，它的可用气源有地面气源、机上辅助动力装置的引气和已起动的发动机的引气，因此它不单独起动。

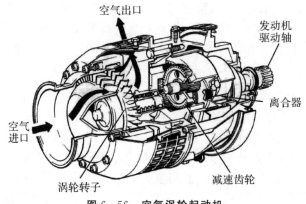

空气出口

发动机
驱动轴

离合器

空气
进口

减速齿轮

涡轮转子

图6-56　空气涡轮起动机

2.点火系统

点火系统首先主要保证在发动机起动过程中点火，包括地面起动和空中起动；其次在起飞、着陆和遇到恶劣天气等情况下，提供连续点火，以防止发动机熄火。

（1）点火系统组成及功用。点火系统包括3个主要部件（点火激励器、点火导线、点火电嘴）及相应的冷却系统。点火激励器把输入的低压电转换成高压电，通过点火导线送到点火电嘴。点火电嘴安装在燃烧室内，电嘴放电产生电火花，点燃燃烧室内的油气混合物。

通常发动机上装有两套点火系统，每套点火系统都包含有自己的点火激励器、点火电嘴和点火导线。两套点火系统可单独工作，也可共同工作。两个点火电嘴分别装在燃烧室的4点钟和8点钟位置。从点火激励器到点火电嘴之间的高压导线有金属屏蔽编织网，起防干扰作用。空中起动时，为了保证成功，通常两套点火系统都工作。

涡轮发动机点火系统与活塞式发动机点火系统不同，具有如下的特点：涡轮发动机点火系统只在起动点火的过程中工作，只要在燃烧室中形成稳定的点火火源之后，点火系统就停止工作，而不像活塞式发动机那样在发动机的整个工作过程中都工作；采用高能点火系统，这是因为燃气涡轮发动机的点火条件差，即点火时的气流速度高，特别是在空中点火时，不但气流速度高，而且温度低，压力低，点火条件更差；点火系统对发动机的性能没有影响。

（2）点火激励器。点火系统使用的是来自无人机供电系统的电源，由起动点火系统电路控制，其中有一个是从无人机应急电源系统供电。电能被储存在点火激励器的储能电容，直到达到非常高的预定电压值，该能量便以高电压、高电流放电形式通过点火电嘴释放出来，产生火花。也就是说，点火激励器是把低压电转换成高压电，而高压点火导线是将高压电从点火激励器传送到点火电嘴。

（3）点火电嘴。点火电嘴的功用是产生电火花点燃混合气。涡轮发动机上用的点火电嘴主要有收缩或约束空气间隙式和分路表面放电式。

图 6-57(a)所示为空气间隙式点火电嘴。在中央电极和接地极之间是绝缘材料,这样的电嘴要产生电火花必须击穿中央电极与接地极(电嘴壳体)之间的间隙。

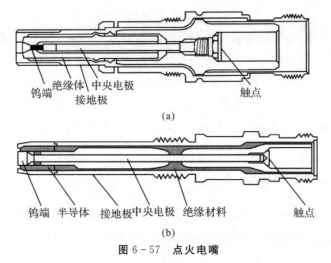

图 6-57　点火电嘴

图 6-57(b)所示为分路表面放电式点火电嘴。在电嘴端部中央电极和壳体(接地极)之间是一种半导体材料。点火激励器产生的高压电经中央电极、半导体到接地极进行放电,放电是沿半导体表面进行的。给电嘴两极加电压后,因为半导体表面载流子多,电阻小,所以会在半导体表面产生较大的电流,此电流使电嘴表面发热,发热又使半导体表面电阻率下降,电流增加,表面温度不断升高,半导体表面电流达到一定值后产生热游离现象,从而在中央电极和接地极之间,沿半导体表面产生电弧而放电。这种放电不是击穿电极间空气间隙而实现的,而是通过在半导体表面材料蒸气电离中形成电弧放电来实现的。

3.发动机在不同季节的起动

在严寒季节里,由于大气温度很低,燃油的黏度增大,挥发性不好,雾化和汽化的重量也变差,因而在燃烧室内产生的火源和形成稳定火焰的条件都变差。一般来说,大气温度降低到-30℃时,起动点火装置尚能产生稳定的火源。但是燃油系统喷出的燃油所形成的混合气,被火源点燃和形成稳定火焰所需的时间,却随着大气温度的降低而增长。这会使涡轮参加工作的时间推迟,起动过程所需时间增长。同时,由于大气温度降低,大气密度增大,发动机的空气流量增大,压气机功率随之增大。在起动机发出的功率不变的条件下,起动过程第一、二阶段的剩余功率将会减小,这又会进一步使起动过程所需时间增长。对于起动机工作受到限制的发动机来说,起动的可靠程度随着大气温度的降低而变差。压气机功率与大气温度有一定的比例关系。因为在转速不变时,压气机功率基本上随大气密度成正比变化。而大气压力不变时,大气密度随大气温度成反比变化。所以,压气机功率随大气温度成反比变化。

(1)在低温条件下起动时,为了便于形成混合气和缩短形成稳定火焰的时间,使发动机能够顺利地起动,在燃油系统开始供油时,可以使混合气稍富油一些。这样燃油蒸气分子增加,便于形成混合气而被火源点燃。富油混合气燃烧后,温度较高,也有利于形成稳定的火焰。当温度特别低时,例如在-40℃以下,最好先对起动点火装置和发动机进行加温,然后再起动。

(2)在炎热季节里,大气温度较高,一般来说,发动机比较容易起动。但是,大气温度升高时,大气密度减小,会使流过发动机的空气流量减少,容易造成混合气过分富油,燃气温度过高。此外,某些发动机在大气温度较高时(如+30℃以上)再次起动,由于燃烧室温度较高,进入燃烧室的空气受热,密度减小,易造成过分富油,不能被电火花点燃,发动机就起动不起来。因此,大气温度较高时,发动机停车后,应对发动机进行充分的冷却,以利于发动机再次起动起来。

知识点 6.11:滑油系统

滑油系统的主要任务是把一定压力、一定温度而又洁净的滑油送到需要润滑的地方,以保证发动机能正常工作,包括减少摩擦、降低磨损、冷却、清洁和防腐等。滑油还是螺旋桨调速器、测扭泵的工作介质。

(1)选择滑油时,要注意其性能参数的大小。滑油流动的阻力由滑油黏度表示。滑油流动慢,说明黏度大。黏度随温度变化,温度过低,滑油黏度大,流动性变差,造成润滑、冷却、散热效果不良,起动困难;温度过高,滑油变稀,黏度小,不能形成一定厚度的油膜或者油膜可能被破坏,使润滑、冷却、散热效果不良。

(2)滑油系统一般由供油系统、回油系统和通风系统等3个子系统组成。供油系统把一定压力、一定量的滑油送到需要润滑的区域,如轴承腔、附件齿轮箱等。回油系统把润滑后的滑油尽可能快地送回滑油箱。这样,既可以充分利用油箱中的滑油,又可以缩短滑油在轴承腔等部位的停留时间,从而减少滑油接触高温的时间,有利于保持滑油的性能。通风系统将轴承腔、滑油箱和附件齿轮箱相互连通,以消除压差,提高滑油喷射效率,并将各收油池的滑油蒸气收集到一起,进行油气分离,分离出的气体通到机外。

滑油系统部件包括滑油箱、滑油泵、滑油滤、磁屑探测器、滑油冷却器、油气分离器等。图6-58所示为滑油系统主要组成部件。

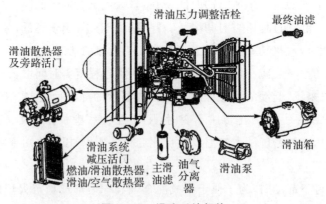

图 6-58 滑油系统部件

　　(3)滑油箱通常安装在发动机上,有独立外部油箱的滑油系统称为干槽式,如图 6-59 所示。如果滑油在发动机内集油槽或集油池中,称为湿槽式。现在燃气涡轮发动机绝大部分是干槽式。滑油箱加油可以是重力式或压力式加油。油箱一般留有容量 10% 的膨胀空间。油箱应有传感器来测量油箱滑油量,并在监控平台上指示。油箱中有油气分离器,将滑油回油中的气体分离,滑油继续循环使用,如图 6-60 所示。有的滑油箱有防虹吸部件,防止停车后油箱滑油通过供油管流到系统中的最低点。

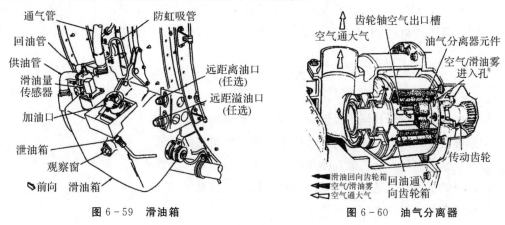

图 6-59　滑油箱　　　　　　　　图 6-60　油气分离器

　　(4)滑油泵对于发动机能否有效工作极为重要。齿轮泵是最常用的增压泵和回油泵,也有发动机使用旋板泵和摆线泵。由于滑油回油温度高,并且含有大量气泡,回油系统的能力至少是增压系统的两倍以上。所以如果供油泵是 1 个,回油泵则必须有 3 个或 4 个。供油泵和回油泵常位于润滑组件中,装在附件齿轮箱上。

　　滑油需要循环使用,必须将滑油的热量散掉,这就是燃油/滑油散热器(见图 6-61)的任务,也有使用空气/滑油散热器。空气滑油冷却器可以作为散掉滑油过多热量的第二冷却器。空气滑油冷却器通常用于涡轮螺旋桨发动机,因为燃油流量相对低,需要从发动机散掉的滑油热量相对高。

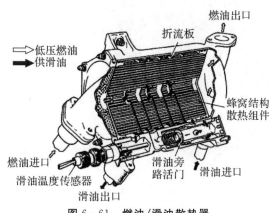

图 6-61　燃油/滑油散热器

磁屑探测器装在回油路上,探测金属粒子,判断发动机内部机件工作状态,主要是判断轴承和齿轮的磨损情况。其内部的永久磁铁和滤网吸附含铁及不含铁的粒子、碎块。磁屑探测器应定期拆下检查,在高倍放大镜下观察分析。

单 元 小 结

本单元从介绍涡轮喷气发动机工作原理入手,介绍了燃气涡轮发动机的核心工作原理,继之拓展至衍生的其他燃气涡轮发动机工作原理;重点介绍了发动机本体和共同工作系统的结构组成及工作机理;重点要掌握发动机系统各组成部分的工作原理和结构组成。

单元作业题

1.对比各类航空燃气涡轮发动机工作原理的异同和优、缺点。

2.分析航空燃气涡轮发动机压气机和涡轮工作机理的异同。

3.航空燃气涡轮发动机燃油系统有何功用?由哪几部分组成?

4.说明航空燃气涡轮发动机喘振的产生机理和应对方式。

5.阐述空气系统的作用。

6.说明航空燃气涡轮发动机起动点火系统的功用和组成。

第7单元　无人机发射与回收方式

在无人机的作战运用中,发射与回收阶段是最困难、最关键的阶段。无人机在陆地小区域内的回收,尽管回收平台相对稳定,但常常会受到地面障碍物和变幻莫测的风向的影响,使得陆地上进行无人机的发射和回收具有一定的风险。如果从停泊在海上一艘颠簸起伏的小型轮船上发射回收无人机,那么需要精确的降落导航和快速反应,同时还需要甲板上可靠的控制装备。

无人机的发射与回收方法有很多,许多发射与回收概念源于各种大型飞行器的发射与回收经验,同时无须考虑人在无人机上,且无人机布局形式多样,又可以采用很多无人机特有的发射与回收方法。当然,没有哪种发射与回收技术适用于所有无人机,需要根据任务需求和机体的设计采用最适用的方式。同时随着技术的发展,无人机的发射与回收方式也在持续发展变化。

任务 7.1　无人机的发射方式

▶任务描述

飞行器从地面到天空要经过离地、加速升空的过程,对有人机而言称为起飞阶段,对无人驾驶飞行器而言称为发射阶段。完成这个阶段所采用的技术叫发射技术,所采用的装置称为发射装置。

无人机安全可靠发射必须满足一定的初速度、一定的发射角度和一定的发射方向 3 个基本条件。只有具有一定的初速度才能得到必要的升力,只有具有一定的发射角度才能保证无人机的初始爬升飞行,只有具有一定的发射方向才能保证无人机发射时适应当时的风向变化。一般要求无人机逆风发射。

▶学习目标

(1)熟悉无人机常用的发射方式,了解典型应用;
(2)对比不同发射方式的优缺点,熟悉不同发射方式的应用场景。

▶任务学习

无人机的发射方式按其特性划分可以归纳为手抛发射、短距助推发射、空中投放发射、起落架滑跑发射和垂直发射等类型。

在地面或舰面发射时,无人机用的比较广的发射方式是短距助推发射,包括导轨式发射、发射车上发射、火箭助推发射、滑跃式发射、弹射发射等;大展弦比机翼的无人机,特别是长航时无人机,通常使用起落架滑跑发射方式;一些中小型无人机可采用母机挂载,空中放飞的方式发射;垂直发射方式则是无人直升机和某些特殊混合布局的无人机的发射方式。

知识点 7.1:手抛发射

手抛发射方式比较简单,可由 1~2 人完成,靠无人机自身动力发射。手抛发射的无人机最大尺寸一般小于 3 m,发射重量数千克到十几千克。例如美国陆军装备的 RQ-11"乌鸦"无人机,其翼展 1.40 m,机长 0.91 m,发射重量 1.9 kg,如图 7-1 所示。

手抛发射的优点是发射方式简单,机动性强,不用投资发射耗费;缺点是只适合比较小无人机,通用性不强。

知识点 7.2:短距助推发射

短距助推发射,就是无人机借助助推火箭,或是气动和液压动力,经过滑跑一段较短距离之后迅速离地(舰)升空。这种发射方式在一些大型或较大型舰上以及发射距离或场地受限的情况下使用得较多。对于在舰艇上采用滑跃发射或弹射发射的无人机,其发射方式和舰载有人机类同,当然也要进行一些适应性改进,如美国的 X-47B(见图 7-2)。

图 7-1 美军 RQ-11"乌鸦"无人机手抛发射　　图 7-2 美国 X-47B 在航母上弹射发射

1.火箭助推发射

采用火箭助推的固定翼无人机既可以通过陆上或舰上铺设的导轨或甲板助推发射,也可以直接从舰上固定装置上助推发射。无人机安装在火箭发射装置上,在一台或者多台助飞火箭发动机推力作用下飞离发射装置,无人机发射后,扔掉助飞火箭,由机上主发动机完成飞行任务。一般火箭助推发射单元与飞行器有多种衔接方式,这主要取决于机体本身和机体框结构的设计。火箭助推发射单元可以是一个或多个,当采用一个时,或安装在飞行器纵轴方向后部,或装在无人机机身下部。如果从舰上固定装置助推发射,那么需要在舰的发射架前端安装一个适宜无人机发射且有上翘角的平台。

该种方法的优点是占用空间较小、没有明显的环境条件限制、不需要加压时间、发射器安装后无人机仍可以存储较长时间以及前期投入费用较低等;缺点是技术难度相对复杂,机务准备时间长,对操作要求比较高。火箭助推发射装置主要由发射架、助推火箭和推力杆、定力杆等组成。图 7-3 所示为美国海军"先锋"无人机在舰艇载火箭助推发射,图 7-4 所示为 ASN - 206 无人机车载火箭助推发射。

图 7 - 3　"先锋"无人机舰载火箭助推发射

图 7 - 4　ASN - 206 无人机车载火箭助推发射

2. 导轨式发射

导轨发射又有很多方式,如橡筋绳弹射、气动发射、压气动发射、旋转发射等,即在无人机达到安全飞行速度之前的运动轨迹由导轨牵引,快速滑动,在自身发动机或者辅助发射装置作用下发射,无人机通过导轨加速到发射速度后,就飞离滑轨,然后在无人机上的主发动机作用下,完成飞行任务。其优点是通用性好,发射成本低,操作相对容易;缺点是相对比较笨重,展开时间相对比较长。

导轨发射主要由以下几部分组成:发射轨道、电绞机构、弹力装置、锁紧和释放装置(电气控制装置)、发射固定座及辅助支撑。导轨发射方式一般用于发射重量比较轻的无人机,如美国的 RQ - 7"影子"无人机(见图 7 - 5)。

3. 发射车上发射

发射车上发射是将无人机安装在发射车上,在机上发动机推力作用下,使无人机与发射车组合体沿普通跑道滑跑,当加速到无人机发射速度时,释放无人机,我国的"长空一号"无人机就是使用的这种发射方式(见图 7 - 6)。其优点是发射装置不上天,无人机性能较好;缺点是只适合比较小无人机,通用性不强。

图 7 - 5　RQ - 7"影子"无人机在滑轨上发射

图 7 - 6　"长空一号"正在发射

知识点 7.3:空中投放发射

无人机由有人机(固定翼飞机或旋翼式直升机)携带到空中,当飞到某飞行高度和速度时,空中发射无人机,图 7 - 7 所示为美国采用 C130 运输机空中投放"小精灵"无人机。固定翼母机携带无人机,一般采用翼下悬挂或机腹半隐蔽式携带方式,直升机一般由机身两侧携带无人机。其优点是在天上的机动性较强,取消任务相对容易;缺点是适合比较小无人机,通用性不强,日常训练耗费高。

知识点 7.4：滑跑发射

起落架滑跑发射方式与有人机类同,所不同的是某些无人机采用可弃式起落架,在无人机滑跑发射后,起落架便被扔下,回收无人机时,采用别的方式。但是大多数无人机,尤其是中小型无人机,采用非收放型起落架,航程较远和飞行时间较长的大型无人机采用收放型起落架,如图 7-8 所示。

无人机发射滑跑跑道短,对跑道的要求也不如有人机那样苛求。滑跑发射的优点是结构简单、经济,发射装置同时可用于回收;缺点是起降不易控制,需要跑道,机动性能不强。

图 7-7 "小精灵"无人机在空中投放

图 7-8 "全球鹰"滑跑发射

知识点 7.5：垂直起飞

垂直发射是从舰甲板或陆地上直接升空。采用垂直发射的无人机一般包括固定翼式和旋翼式两种。

(1)固定翼式垂直发射多是利用尾支座或尾座式起落架支撑无人机,使之垂直竖立在舰甲板上。它接到指令后先由机载动力装置推进无人机垂直升空,然后再由垂直发射姿态逐渐改为水平飞行姿态,即倾转机身无人机,图 7-9 所示为美军新型舰载无人机。常用的另一种垂直发射的固定翼无人机是结合多旋翼无人机和固定翼无人机特点,利用旋翼发射,利用螺旋桨发动机驱动无人机巡航飞行,图 7-10 所示为国产 CW-007 无人机飞行。

图 7-9 美军新型无人机在舰艇上发射

图 7-10 国产 CW-007 无人机飞行

(2)旋翼式垂直发射方式也可以细分为主旋翼/尾旋翼(尾桨)式垂直发射,共轴式垂直发射以及倾转翼发射等,如图 7-11、图 7-12 所示。

图 7-11　S-100 无人直升机在舰艇上发射　　　图 7-12　国产 TD450 共轴式无人直升机

旋翼式发射方式的特点是以旋翼作无人机的升力面,旋翼旋转使无人机垂直发射。这种发射方式有着极大的优越性,能够直上直下,占据空间极小,无须在舰上滑跑,因而能够最大数量在舰上部署和最快捷地应急升空,是国外海军舰载无人机的主要选型和发展方向。如美国海军的"鹰眼"倾转旋翼舰载无人机,以直升机方式爬升、下降、悬停和横向机动,再以固定翼无人机方式转入巡航状态,如图 7-13 所示。还有一种无人机采用倾转机翼的形式发射,如图 7-14 所示为美国 DARPA 采用鸭式布局的"雷击"倾转机翼无人机,发射时鸭翼和机翼均向下倾斜,利用垂直推力发射,发射后鸭翼和机翼向前转平,以固定翼无人机模式飞行。

垂直发射的优点是机动性能好,发射装置同时可用于回收;缺点是结构复杂,控制不易实现。

图 7-13　"鹰眼"无人直升机在舰艇上发射　　　图 7-14　"雷击"倾转机翼无人直升机发射

任务 7.2　无人机的回收方式

▶**任务描述**

多次使用的无人机都要进行回收,有的无人机虽然是一次性使用,但要回收执行任务时的有价值部分,如侦察照相及任务设备成果。美国的 GTD-30 无人机就是一例,它仅回收照相舱。目前无人机的回收还未达到令人完全满意的程度,回收一旦出问题,不仅在使用上,而且给军事和经济等方面带来重大损失,为此各国均把它作为重要问题专门研究。

回收是利用大气的阻力制动或专门的减速装置,以降低回收物体的高度和速度,最后以一定的速度(一般是 6~15 m/s)安全着地或回收。对回收系统的要求是:使用次数要多;对无人机的损伤要小;修复工作要简便及成本低。

▶学习目标

（1）熟悉无人机常用的回收方式，了解典型应用；

（2）对比不同回收方式的优缺点，熟悉不同回收方式的应用场景。

▶任务学习

无人机的回收方式可归纳为伞降回收、撞网回收、空中回收、滑行着陆、垂直回收等类型，其中垂直回收与垂直发射类似，不展开介绍。

知识点 7.6：伞降回收

目前采用降落伞回收，是一种行之有效的回收方式，特别适用于中小型无人机。

（1）无人机上带有降落伞，降落伞可以依靠相对于空气的运动从折叠状态充气展开，使其与相连的无人机减速或稳定下落。降落伞的分类方法很多，有一级和二级之分。无人机多采用二级降落伞，第一级为稳定伞，有的称为引导伞，其作用是保证无人机的稳定并使无人机减速，为主伞开伞创造条件。第二级为主伞，它保证无人机以一定速度安全着陆。一般降落伞包括引导伞、伞衣套、主导伞、伞包、连固装置及开伞装置等。

（2）降落伞折叠包装在伞包或专用的伞包内，经固连装置连接在无人机上，当无人机按照预定程序或在遥控指挥下到达回收区上空时，自动开伞或根据遥控指令开伞，先打开无人机的伞舱口盖，利用开伞装置打开伞包（若有引导伞时，先打开引导伞，后开主伞），降落伞按预定步骤充气张满，悬挂着无人机按预定速度和姿态下降。引导伞的功用是将回收伞系统从伞舱内拉出，使伞系统处于良好的工作状态。伞具平时可折叠，容易打开且面积大，结构简单，体积小重量轻，减速和稳定的效果较好。

（3）为了尽量减少无人机回收后的损伤，特别是为保护机载任务设备，有些无人机还在机体触地部位装减震装置。同时还考虑机体触地部位尽可能远离任务设备舱，如图 7-15 所示。小型无人机是各国军方感兴趣的飞行器，其回收技术不能令人十分满意。用降落伞回收，不能保障精确的着陆，易受气象条件和地形限制，同时影响无人机的机动性，所以就出现其他回收技术，例如撞网回收等技术。

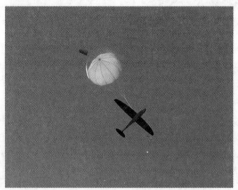

图 7-15　RQ-84 采用伞降回收

知识点 7.7：撞网回收

用拦截网系统回收无人机是目前世界小型无人机较普遍采用的回收方式之一，它是利用能量吸收装置吸收无人机降落时的能量,例如舰载"先锋"无人机用撞网回收,如图 7-16 所示。

(1)拦截网系统通常由拦截网、能量吸收装置和自动引导设备组成。能量吸收装置与拦截网相连,其作用是吸收无人机投网的能量、免得无人机触网后在网上弹跳不停、以致损伤。自动引导设备一般是一部置于网后的电视摄像机,或装在拦截网架上的红外接收机,由它们及时向地面站报告无人机返航路线的偏差。无人机在地面无线电遥控下,降低高度,减小速度,对着拦阻网飞去。拦阻网由弹性材料编织而成,网的两端还连接有能量吸收器。无人机撞入网中后,速度很快减为零。

(2)与撞网回收类似,还有的无人机采用撞绳回收,比如美国的"扫描鹰",机翼端部有一个钩子,撞到绳后能扣住,如图 7-17 所示。撞网回收的优点在于回收的通用性好,同时存在拦阻网系统的安装展开时间长,机动性不强,控制精度要求高等缺点。

图 7-16　RQ-7 在舰面采用撞网回收

图 7-17　"扫描鹰"无人机撞绳回收

知识点 7.8:空中回收

空中回收系统需在大有人机上装钩取装置,通常该系统与伞回收系统配合使用,即利用有人机在空中钩住无人机的主伞或其他部分把无人机收回机上或拖到适当地方后在地面回收。空中无人机回收时作业高度高、范围大,但它不能回收比其舱门大的无人机。直升机空中回收无人机时,只要钩住了无人机,可以拖至适当的着陆地区,用着陆网无损伤放下回收或直接缓慢放下回收,故可回收较大的无人机。但这类回收的可靠性不高、操作较难,出动无人机需要不同兵种相互配合,如图 7-18 所示。

图 7-18　空中回收

知识点 7.9:滑行着陆

起落架滑行着陆的回收方式与有人机类似,大部分采用滑跑发射的无人机均采用此种着陆方式,如图 7 - 19 所示。有些无人机,特别是舰载无人机,会在机尾装尾钩,在着舰滑跑时,尾钩钓住拦阻索,与舰载有人机一样,依靠拦阻锁着舰,从而大大缩短了着舰滑跑距离,如图 7 - 20 所示。起落架回收可利用其发射装置,回收耗费比较低,缺点是控制精度相对比较难,对无人机的撞击振动较大,需要专用场地。

图 7 - 19　常规滑跑着陆

图 7 - 20　挂钩拦阻索着舰

单 元 小 结

本单元主要介绍了无人机常用的发射与回收方式及典型应用,分析对比了不同发射回收方式的优、缺点。

单 元 作 业 题

1.分析总结无人机发射系统的类别及各自的优、缺点。

2.分析总结无人机回收系统的类别及各自的优、缺点。

3.哪些无人机发射与回收方式适合舰上使用?

第8单元　无人机起落架系统

　　起落架是大中型无人机起飞、着陆时的重要部件,其主要功用包括:①停机时和在地面滑行、滑跑过程中支撑无人机;②保证无人机在地面运动的灵活性、操纵性与稳定性;③减弱无人机着陆时的撞击力和颠簸跳动;④实现滑跑中刹车减速。对于长航时无人机,为了减小飞行中的气动阻力,起落架必须能够收放。为了满足这些要求,和有人机类似,现代无人机的起落架通常由承力结构、减震装置、收放系统、机轮、前轮转弯控制系统和刹车系统等组成。

　　起落架在无人机运行中受到较大外载荷作用,它的工作性能好坏和正常与否直接影响无人机起飞、着陆安全。因此,无人机操控人员应当了解起落架及其各子系统的组成和工作原理,以便在操控无人机时能够及时预测突发情况,做出相应处置。

任务8.1　起落架的形式与基本组成

▶**任务描述**

　　起落架形式的差异决定了起落架使用特点的不同。无人机起落架包括轮式、浮筒式或滑橇式等几种类型。绝大多数无人机采用陆地机场着陆,下述主要介绍轮式起落架。起落架还可分为固定式和可收放式。固定式起落架不能收上;可收放式起落架则在飞行中可收起,以减小空气阻力,而在着陆前放下,以便安全着陆。

▶**学习目标**

　　(1)了解不同结构形式起落架的特点及应用;

　　(2)掌握起落架的结构组成及各部件的功能作用。

▶**任务学习**

知识点8.1:起落架的结构形式

按照起落架的结构和工作特点不同,其结构形式主要分为构架式、支柱套筒式和摇臂式等 3 种,如图 8-1 所示。

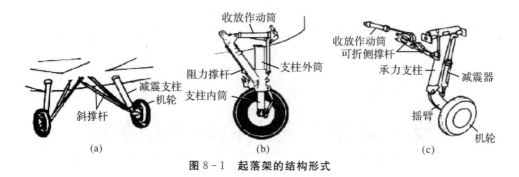

图 8-1　起落架的结构形式

1.构架式起落架

构架式起落架常用于一些航程较短的无人机。其结构特点是起落架固定,不可收放。典型的构架式起落架由斜撑杆和减震支柱构成承力构架。当受到地面反作用力时,起落架各承力构件只承受轴向力,而不受弯矩,故其结构简单,重量轻。

2.支柱套筒式起落架

支柱套筒式起落架的支柱就是由外筒和内筒构成的减震支柱,它既用于减震,又用于承力。支柱的外筒与机体结构铰接,或通过安装于支柱上的套筒与机体结构铰接,其铰链中心作为起落架的收放转轴;支柱内筒的下端固定安装轮轴。

这种起落架能够承受较大的垂直载荷,并且有很好的减震作用。但在受到纵向或侧向水平载荷时,支柱将承受较大的弯矩,也不能很好地起到减震作用。为了解决这一问题,在主起落架上,沿无人机纵向安装阻力撑杆,而在前起落架上安装可折叠的纵向阻力撑杆,用于承受和传递纵向载荷;在主起落架的内侧安装可折叠的侧撑杆,用于承受并传递侧向载荷。另一个问题是垂直方向的地面反作用力通常与减震支柱轴线不重合,这也将使支柱承受较大弯矩,导致支柱内、外筒之间的接触而产生摩擦,易造成减震支柱密封装置磨损,减震性能也受到较大影响。

由于支柱套筒式起落架容易设计成可收放的形式,且能够承受很大的垂直载荷,结构较简单,结构重量较小,所以在大中型无人机上得到广泛应用。

3.摇臂式起落架

典型的摇臂式起落架由承力支柱、减震器和摇臂构成。一个起摇臂作用的轮臂或轮叉上部铰接在承力支柱的下端,下部安装机轮。承力支柱与起落架收放转轴固定连接。在摇臂与无人机结构之间铰接安装减震器。这种起落架的最大优点是可以很好地承受垂直和水平两个方向的载荷,并同时具有很好的减震效果。不论机轮受到垂直方向或者水平方向的载荷,都可以转变为摇臂绕其铰接点的转动,并通过摇臂将载荷轴向传递给减震器。

由于摇臂式起落架具备上述优点,所以它在高速无人机上得到较广泛应用。但它的结构较复杂,减震器及其接头受力较大,且结构重量较大。

知识点 8.2:起落架的基本组成

多数大中型无人机通常采用支柱套筒式起落架。虽然在不同无人机上这种结构形式的起落架有某些差别,但其基本构成相同,因此本节重点这类起落架的基本组成及主要部件。

1. 主起落架

图 8-2 所示为一典型无人机主起落架处于放下位置的情况。主起落架为支柱式、半叉单轮起落架,采用单腔油气式缓冲器,主轮带有液压刹车装置。

主起落架装置由主起落架撑杆作动筒和主起落架所组成。主起落架通过外筒上的销轴与撑杆作动筒连接。主起落架撑杆作动筒下端的关节轴承,通过螺母、开口销与缓冲支柱外筒的销轴相固定,实现撑杆作动筒与主起落架的连接。撑杆作动筒上端万向接头通过螺栓、螺母和开口销固定于机身作动筒连接接头上。

主起落架主要包括主起落架缓冲支柱、上防扭臂组件、下防扭臂组件、轮叉组件、轮胎和盘式刹车机轮、液压管路等。其中,主起落架缓冲支柱由外筒组件、内筒组件、油针组件、操纵杆组件和接触器组件,以及微动开关电缆等部分组成。缓冲支柱上设有注油充气阀,并通过上、下防扭臂组件与轮叉组件相连,内筒通过连接螺母和螺栓固定在轮叉上部。缓冲支柱上的操纵杆组件和接触器组件通过微动开关电缆连接到电气系统插座上,将缓冲支柱全伸长的电信号传递给电气和控制系统。

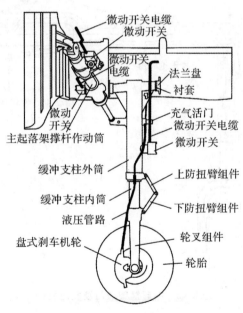

图 8-2　主起落架构成

(1)收起落架。收放作动筒由液压驱动,液压油推动作动筒内的活塞使其缩短,从而带动起落架收起,收起至一定位置时,轮胎碰到可折支杆使支杆折弯,带动下部活动舱门而关闭。起落架处于收起位置,被收放作动筒内的机械锁锁住,同时收微动开关发出信号指示起落架确实锁死。

（2）放起落架。收放作动筒由液压驱动，液压油推动作动筒内的活塞使其伸长，从而带动起落架放下，放至一定位置时，轮胎将下部活动舱门碰开，弹簧使支杆伸直将舱门打开。起落架处于放下位置，被收放作动筒内的机械锁锁住，同时放微动开关发出信号指示起落架确实锁死。

（3）主起落架舱门。左、右主起落架各有两个舱门，在收起状态时主起落架完全封闭在起落架舱内。舱门采用碳纤维蜂窝夹层结构。

主起落架舱门分为上部固定舱门和下部活动舱门两部分，如图8-3所示。

上部固定舱门主要用来遮盖起落架缓冲支柱和上半部轮胎，舱门上部通过合页固定在机身上，舱门中间有一个接头，通过可调节的万向接头和拉杆与起落架缓冲支柱相连。

主起落架下部活动舱门用合页固定在机身纵梁上，舱门可绕纵梁转动。纵梁上部通过两个板弯小梁固定一个接头，该接头与舱门接头之间，通过一根可折支杆相连，可折支杆上有拉伸弹簧使杆在自由状态下呈直线形状，也就是舱门打开位置，当起落架收起时，起落架轮胎碰到可折支杆使其折弯，带动舱门关闭。起落架放下时，首先轮胎将舱门碰开，弹簧使支杆伸直将舱门打开。

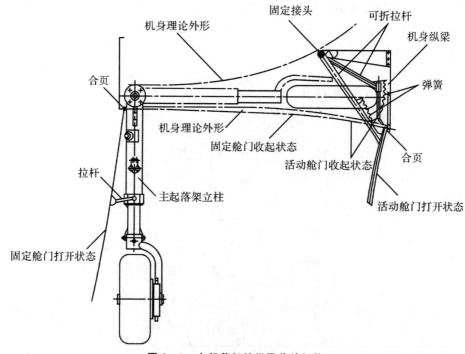

图8-3　主起落架舱门及收放机构

2.前起落架

当无人机滑跑速度在一定范围内时，可采用单侧主轮刹车的方式来转弯。无人机常采用前轮转弯来控制无人机在跑道上的机动方向。为了便于操纵前轮转弯，设置了前轮转弯传动机构。前轮能够左右偏转带来了方向稳定性、空中前起落架自动定中以及摆振等问题，因此在设计上采用前轮稳定距、前轮定中机构和减摆器等，较好地解决了这些问题。

图 8-4 所示为典型的前起落架结构及安装方式。前起落架为支柱式、全叉单轮起落架，缓冲器为单腔油气式缓冲器，工作介质为航空液压油和工业氮气。

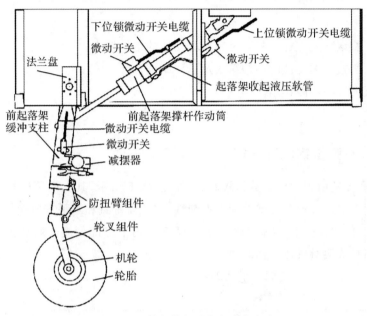

图 8-4　前起落架结构及安装方式

前起落架装置由前起落架和前起落架撑杆作动筒所组成。前起落架通过缓冲器外筒上的销轴与撑杆作动筒连接。前起落架撑杆作动筒的设计与主起落架撑杆作动筒相同，仅是长短上有差异。

前起落架主要包括前起落架缓冲支柱、防扭臂组件、轮叉组件、机轮和轮胎等。前起落架缓冲支柱由外筒组件（含与机体连接轴）、内筒、油针组件（含阻滞活门装置及自动回中装置）、衬筒组件、环体组件、操纵杆组件和接触器组件，以及微动开关电缆等部分组成。缓冲支柱内设有自动回中装置，当缓冲支柱全伸长时，内筒自动回到中立位置。内筒通过连接螺母和螺栓固定在轮叉上部。轮叉组件通过上、下防扭臂组件与环体相连，同时环体上还安装有减摆器。缓冲支柱上的操纵杆组件和接触器组件通过微动开关电缆连接到电气系统插座上，将缓冲支柱全伸长的电信号传递给电气和控制系统。

任务 8.2　起落架减震装置

▶**任务描述**

无人机在着陆接地时，将与地面发生剧烈碰撞；在滑行、滑跑中，可能因道面不平或有异物，也会使无人机受到撞击。减震装置与机身或机翼的承力结构连接，如果其减震性能不好或工作不正常，无人机机体结构就会受到很大的撞击载荷，并引起无人机强烈的颠簸跳动。

这对无人机结构、飞行安全都极为不利。因此,起落架减震装置的功用就是:吸收着陆撞击能量,减小撞击力,并减弱在滑行和滑跑时的颠簸跳动。

起落架减震装置的形式取决于无人机的重量。某些轻型无人机采用弹簧钢支柱或复合材料减震支柱,而大中型无人机则普遍采用油气式减震支柱。

▶学习目标

(1)了解弹簧钢减震支柱和复合材料减震支柱的结构特点;

(2)掌握油气式减震支柱的结构组成及工作原理;

(3)熟悉扭力臂的功能作用。

▶任务学习

知识点 8.3:弹簧钢减震支柱

弹簧钢减震支柱由弹性钢管或钢板制成,如图 8-5 所示,其上端用螺栓固定在机身加强隔框上,下端固定连接轮轴。弹簧钢具有弹性,在地面垂直和水平方向撞击载荷作用下发生幅度逐渐减小的弹性变形,在弹簧钢材料内摩擦作用下将部分撞击能量转化为内能耗散掉,从而减小了起落架对机体结构的冲击力。

图 8-5 弹簧钢减震支柱

知识点 8.4:复合材料减震支柱

复合材料减震支柱广泛应用于复合材料机体结构的无人机上。减震支柱主体一般采用玻璃纤维增强树脂层合板状结构,有些无人机为了提高支柱的柔韧性,常在支柱弯曲时受拉的一侧增加芳纶纤维铺层。在受压的一侧为了防止出现结构局部失稳,有时也会布置少量碳纤维铺层。无人机着陆时,减震支柱发生幅度逐渐减小的弯曲弹性变形,通过结构材料内摩擦来耗散冲击能量。与传统的金属材料减震支柱相比,复合材料减震支柱具有更优异的抗疲劳性能,并且具有结构简单、重量轻、维护工作量小等特点。图 8-6 所示为典型的复合材料减震支柱结构及装配关系示意图。

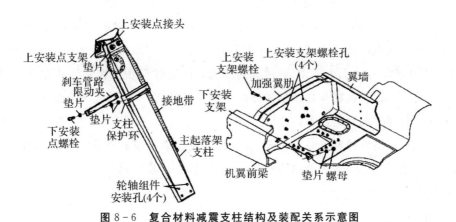

图 8-6　复合材料减震支柱结构及装配关系示意图

知识点 8.5:油气式减震支柱

绝大多数现代无人机的起落架采用油气式减震支柱。不同无人机的油气式减震支柱虽在设计上存在较大差别,但它们的基本构造和工作原理却是相同的。

1.结构组成

油气式减震支柱主要由外筒和内筒(活塞)构成,如图 8-7 所示。外筒与无人机机体结构连接,而与外筒精密配合的内筒安装在外筒内,并可在外筒内上下运动。在外筒和内筒之间安装扭力臂可防止内外筒相对转动,同时限制内筒伸张行程,防止内筒从外筒中脱出。内筒的下端固定连接轮轴,用于安装机轮。

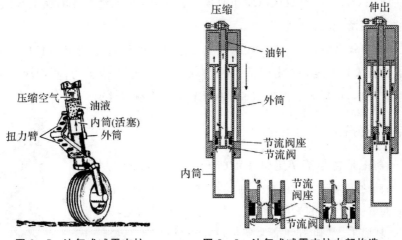

图 8-7　油气式减震支柱　　　图 8-8　油气式减震支柱内部构造

图 8-8 所示为一种典型的油气式减震支柱内部构造。减震器的主要作用是减小着陆撞击时的载荷峰值,并消耗撞击动能。支柱外筒被活塞管分成内、外两个腔室。内筒(活塞)伸入外筒内,并包围住活塞管。活塞管壁上钻有一定数量的小孔,用于油液在活塞管和内筒

之间流动。活塞管底部隔板又将内筒分为上、下两个腔，用于油液上下流动。下腔充满油液，上腔的上部充以压缩空气或压缩氮气。隔板上开有节流孔，以形成一个油液通道。内筒下部活塞中心处垂直固定安装有一根穿过节流孔的锥形调节油针。当减震支柱伸缩运动时，该油针可在节流孔中上下移动，通过改变节流孔的通油面积来控制油液在上、下腔之间来回流动的速率（流量）。在支柱压缩和伸张过程中，液体上下流动速率不是常数，而是受到穿过节流孔变截面积油针的调节。

在外筒的顶部附近通常安装支柱充气活门，用来给减震支柱灌充油液和气体。在外筒的下端支承座或封严螺母的凹槽内装有双向密封圈，并在最下部装有防止外界污染物进入的防尘密封圈。

2. 工作原理

当无人机着陆，机轮接地时，无人机重心继续向下运动，支柱压缩行程开始。这时外筒随无人机向下运动，内筒则相对外筒向上滑动，推动调节油针穿过节流孔向上运动，使节流孔通油面积逐渐减小。在整个压缩过程中，油液从下腔通过节流孔向上流动，并且因为通油面积逐渐减小，所以油液向上流动速率也逐渐减小，流动阻力则逐渐增大。由于产生剧烈的摩擦作用而生热，并通过支柱管壁散失，因此将部分着陆能量转换成热量而消耗掉。同时，由于支柱内油面升高，使上部气体压缩，将无人机着陆能量转换为气体压力能而储存起来。

压缩行程结束时，因为气体压力较大，所以支柱又开始了伸张行程，无人机相对地面和机轮向上运动。在压缩空气的作用下，油液又通过节流孔向下流动，再次摩擦生热，消耗部分能量。在有些减震支柱内设有包含回弹活门的阻尼或缓冲装置，可减小伸张行程中的反跳，防止支柱伸张太快。经过数次压缩和伸张行程循环，几乎全部着陆能量被消耗掉，无人机则平稳地在地面滑跑。

从以上分析可知，油气式减震支柱的基本工作原理可概括为：利用气体的可压缩性吸收着陆能量，延长无人机速度垂直分量消失时间，从而减小地面撞击力；利用液体反复流过节流小孔，产生摩擦热，耗散着陆能量，从而减弱无人机的颠簸跳动。

知识点 8.6：扭力臂

扭力臂的功用是将起落架定位在正前方位置，防止减震支柱内筒和外筒之间相对转动，并限制支柱的伸张行程。扭力臂由上、下两臂组成，如图 8-9 所示。上扭力臂的上端铰接在减震支柱的外筒上，下扭力臂的下端铰接在内筒（通常是轮轴或轮叉）上，两臂之间用螺栓组件铰接。这样的连接方式决定了减震支柱内、外筒可以相互伸缩运动，但不能相对转动。因此，扭力臂是一种定位装置。

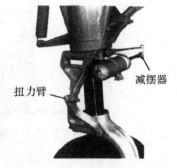

图 8-9　扭力臂

任务8.3　起落架收放系统

▶**任务描述**

　　无人机飞行速度较大时起落架要收起。这样可以保持良好的气动外形,大大降低迎风阻力,改善气动性能以及飞行性能。收放起落架尽管增加了重量,使结构设计和使用复杂化了,但总的效率是提高了。起落架的收放运动方式、起落架本身及其收放机构越简单,机翼、机身和起落架舱的承力形式也越简单,起落架要求的收放空间就越小,收放起落架就越容易实现。

▶**学习目标**

　　(1)熟悉主起落架和前起落架的收放方式;

　　(2)掌握收放作动筒的结构组成及工作原理;

　　(3)掌握正常放、正常收、应急放3种起落架液压收放方式的工作机理。

▶**任务学习**

知识点8.7:起落架的收放方式

1.主起落架的收放方式

无人机的主起落架一般沿展向放下、沿展向收起,有以下几种方式,如图8-10所示。

(1)机轮往机身方向运动[见图8-10(a)],这种方式常用在机翼根部结构高度可以容纳机轮的情况。

(2)机轮远离机身方向运动[见图8-10(b)],这种方式适用于小机轮起落架。

(3)机轮往机身方向运动并将机轮收入机身中[见图8-10(c)],这种方式多用于下单翼无人机。

(4)机轮往机身方向运动,将机轮收入机身中并使机轮转向[见图8-10(d)],这种方式用在高速薄机翼无人机上。由于带了机轮转向机构,其结构较为复杂。

主起落架沿翼展方向收放的优点是当放下起落架时无人机的重心位置变化小。

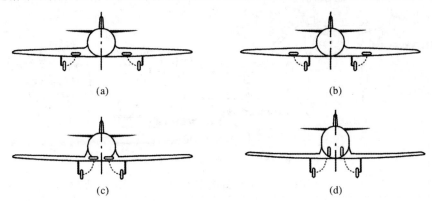

(a)　　　　　　　　　　　　　　　(b)

(c)　　　　　　　　　　　　　　　(d)

图 8-10　主起落架沿展向收放

(a)向内收入机翼;(b)向外收入机翼;(c)向内收入机身;(d)向内收入机身,机轮转向

2.前起落架的收放方式

前起落架支柱通过机轮的向前或向后运动收入机身中。在选择前起落架支柱收放方向时除了要考虑总体布局外,如任务载荷的安放位置,还必须考虑尽量减少无人机重心位置改变的要求。因此,当主起落架向后运动收放时,前起落架应向前运动收放,而主起落架向前运动收放时,前起落架应向后运动收放。前起落架的收放方式要比主起落架的收放方式简单。

知识点 8.8:起落架收放系统组成和工作原理

起落架收放系统通常采用液压机械系统,有些无人机采用电机驱动的起落架收放机构,甚至有的无人机还利用气压传动来收放起落架。由于液压系统具有其他动力系统所没有的诸多优点,所以绝大多数无人机的起落架收放系统采用液压传动。本节重点介绍液压式起落架收放系统的基本组成和工作原理。

起落架收放系统主要由收放作动筒、收放位置锁、收放操纵机构、地面安全装置和应急放下系统等部分组成,保证起落架能够可靠地收上和放下。

1.收放作动筒

起落架收起动作是通过撑杆作动筒的收起动作来实现的。起落架在收放位置被机械地锁住,收、放微动开关指示出起落架是否被确实锁死。

(1)收放作动筒组成。收放作动筒上端的万向接头通过螺栓与结构相连,下端的关节轴承与起落架外筒上的销轴相连。

收放作动筒主要由外筒,活塞杆,支座体,壳体,万向接头,关节轴承及上、下位锁组成。收放作动筒的结构如图 8-11 所示。主起落架和前起落架的收放作动筒的设计是相同的,仅是长短上有差异。

收放作动筒的上、下位锁均采用机械锁,由液压开锁,安全、可靠。作动筒上的支座组件和接触器组件通过微动开关电缆连接到电气系统插座上,将作动筒上、下位锁开锁和上锁的电信号传递给电气和控制系统。

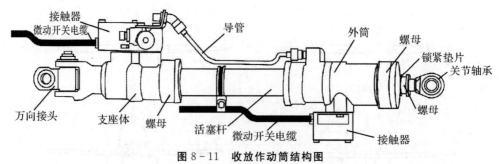

图 8-11 收放作动筒结构图

(2)工作原理。起落架收放作动筒工作原理如图 8-12 所示。收放作动筒由液压驱动,液压油推动作动筒内的活塞使其缩短和伸长,而使起落架收起和放下。起落架在收、放位置分别被收放作动筒内的机械锁锁住,收、放微动开关指示起落架是否确实锁死。

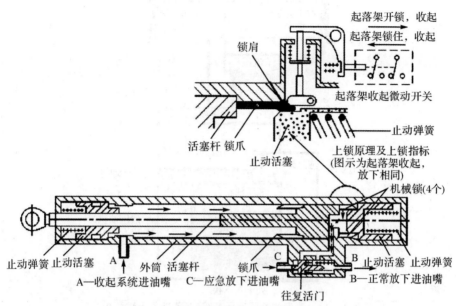

图 8-12　起落架收放作动筒工作原理图

2.起落架液压收放系统

图 8-13 和图 8-14 所示是一种典型起落架液压收放系统的两个工作状态。该系统将液压油箱、双向电动齿轮泵以及多个控制压力和流动方向的活门做成一个整体组件,安装于独立的壳体内,称为液压动力组件。

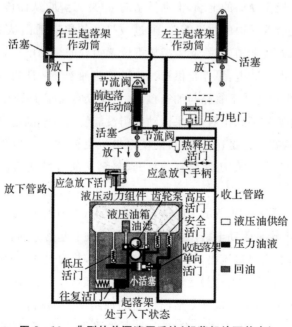

图 8-13　典型的单源液压系统(起落架放下状态)

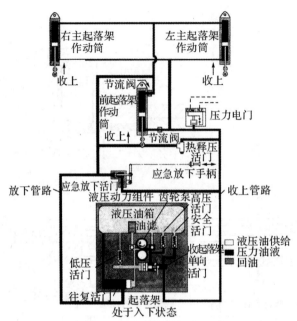

图 8-14 典型的单源液压系统（起落架收上过程中）

(1)起落架放下。图 8-13 所示为起落架放下状态的单源液压系统。当发出起落架"放下"指令时,就接通了齿轮泵驱动电机,驱动泵工作,压力油从齿轮泵左边出口流出,首先进入位于泵下方的空腔,推动小活塞向右移动。活塞右端的针状顶杆将起落架收上单向活门顶开,使起落架收上管路通油箱(解除收上液锁)。压力油继续向下流动,将往复活门向左推动,关闭放下管路的回油路,并将压力油接入放下管路。因此,压力油通过左边的放下管路分别进入每个起落架作动筒的上端,推动活塞向下(外)运动,从而传动起落架放下。活塞另一端的低压油液则沿着右边的收上管路,通过被打开的单向活门从液压泵的抽油口被抽到放下管路。当起落架放下锁好时,起落架放下位置锁处的微动电门触通,通过起落架控制电路中的继电器将泵电机断电,泵停止供油。放下管路油液失去压力,往复活门在复位弹簧的作用下向右移动,再次将放下管路与油箱接通,从而使放下管路释压,起落架则被机械锁定在放下位置。起落架放下到位后,如果微动电门没能使泵电机断电,那么泵会继续向放下管路供压,导致放下管路压力迅速上升,可能使泵电机负荷增大而损坏。这时,设置于放下管路中泵出口与油箱之间的低压活门自动打开,将泵来油接通到油箱,防止放下管路压力过高。

(2)起落架收起。图 8-14 所示为起落架正在收上过程中的单源液压系统。当发出起落架"收上"指令时,齿轮泵驱动电机反向转动(相对于放下起落架而言),带动泵向收上管路供压。压力油从泵的右边出口流出,将小活塞向左推动,并通过收上管路流到每个起落架收放作动筒的下端,推动活塞向上(内)运动,从而将起落架收上。同时,活塞另一端的低压油液则沿着左边的放下管路,通过被往复活门接通的油路回到油箱。当活塞运动到它的上死点时,起落架已收好,但齿轮泵仍然在继续向收上管路供油,导致管路内的压力迅速升高。

当压力上升到一定值时,与收上管路相连的压力电门开始起作用,断开泵电机的供电电路,泵立即停止供压。收上管路内的高压油液必然有反向流动的趋势,迫使起落架收上单向活门关闭。此后,收上管路的高压油液就被封闭在管路及作动筒的收上腔内,形成液锁,将起落架保持在收上位置。飞行时间较长时,如果因为系统内漏导致收上管路压力降低到一定值时,压力电门又将泵电机电路接通,泵会短时间向收上管路补充油液,直到压力又上升到压力电门断电,泵再次停止工作。

起落架收上到位后,如果因压力电门故障,没有及时将泵电机断电,那么收上管路内的压力将继续升高。这时高压活门自动打开,将泵出口与油箱相通,从而防止系统压力过高而损坏电机、泵及管路。如果压力电门和高压活门都出现故障,那么安全活门会在更高的压力水平上自动打开。

在起落架收上液锁期间,如果收上管路内油液因受热膨胀而超压,那么通过一个设置在收上管路与放下管路之间的热释压活门,将压力过高的部分液压油通过放下管路释放回油箱。

前起落架重量比主起落架轻,所需传动力也较小。为了使 3 个起落架能够基本上同时收上或放下到位,在前起落架作动筒的 2 个通油口处设置节流器,使前起落架收放速度与主起落架基本同步。

(3)起落架应急放。当正常放下系统故障或动力源失效时,要求该系统能够可靠地将起落架放下锁好,以确保无人机能够安全着陆。

应急放下起落架系统的基本工作原理是:人工打开起落架收上位置锁,起落架靠自身重力放下并锁好。如果收上锁为机械锁,那么应急放下操纵器件与起落架收上位置锁机械连接,当扳动或转动应急放下操纵手柄或手轮时,机械地打开收上锁。如果收上锁是液锁,那么应急操纵的动作使收、放油路连通,解除液锁。图 8-15~图 8-17 所示分别为典型无人机采用液压锁的起落架收放系统在正常放、正常收和应急放时的液压通路。当收放系统正常时,通过正常的电动泵输送或抽取液压油,实现起落架的收放。当收放系统出现故障时,直接通过应急电动泵向收放作动筒输送液压油,实现起落架的应急放。

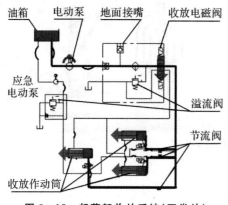

图 8-15　起落架收放系统(正常放)

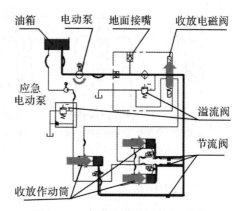

图 8-16　起落架收放系统(正常收)

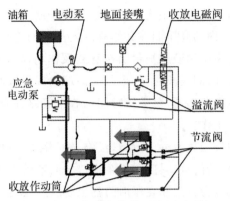

图 8-17 起落架收放系统(应急放)

任务8.4 机轮及刹车系统

▶任务描述

　　机轮用于无人机在地面上的运动。机轮分为带刹车和不带刹车机轮两种。机轮由轮胎、轮毂和刹车装置三部分组成。

▶学习目标

　　(1)了解机轮的几种常见安装方式;

　　(2)了解轮胎和轮毂的功能作用;

　　(3)熟悉刹车装置的结构特点及功能作用。

▶任务学习

知识点8.9:机轮的安装方式

　　按机轮与起落架支柱的固定方式,机轮的安装方式可分为半轴式、轴式、半轮叉式、轮叉式和小车式,如图8-18所示。

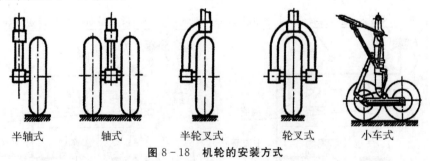

半轴式　　　轴式　　　半轮叉式　　　轮叉式　　　小车式

图 8-18 机轮的安装方式

知识点8.10:轮胎

　　轮胎用于无人机在机场通行并当无人机在着陆和运动时吸收一部分撞击能量。轮胎可以是有内胎的,也可以是不带内胎的。有内胎的轮胎里面有内胎和气门嘴。无内胎的轮胎里面是一层辅助的橡胶密封层。轮胎的结构如图 8-19 所示,轮胎的核心部分是由高强尼龙线组成的帘布层,它承受轮胎的负荷。为了增加强度,在胎体内穿入了用专门钢丝制作的钢丝圈。帘布层外面是橡胶加强层。沿机轮外廓是用高重量橡胶做的胎面。为了提高与机场表面的附着性,胎面上有槽沟纹(非刹车机轮上可能没有纹线)。

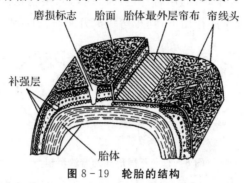

图 8-19　轮胎的结构

知识点 8.11:轮毂

轮毂一般用镁合金、铝合金、钛合金等材料铸造或锻造后再经过机械加工制成。轮缘上安装机轮,为了方便安装,一般其中的一个轮缘是可拆卸的,它借助于固定的半圆环连接在轮盘上,如图 8-20 所示。

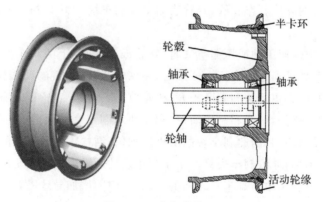

图 8-20　轮毂结构图

知识点 8.12:刹车装置

刹车装置用于缩短无人机着陆距离,改善无人机在机场运动的机动性。当发动机试车时刹车装置使无人机处于静止状态。无人机着陆后,无人机高速运动的动能通过气动阻力和机轮制动时产生的摩擦力所做的功来消耗,能量消耗得越快,着陆后的滑行距离就越短。当滑跑速度小于一定值时,无人机会利用差动刹车配合方向舵,消除可能的航向和侧向偏差。

无人机机轮的刹车装置有弯块式、软管式和盘式等 3 种。

1.弯块式刹车装置

弯块式刹车装置由壳体、两个或几个刹车弯块、刹车动作筒和恢复弹簧组成,如图8-21所示。在刹车弯块的外表面安装着刹车片,它的材料要保证当同刹车套接触时产生很大的摩擦系数,经常采用塑胶。弯块的一端固定在与轮轴刚性连接的刹车装置的壳体上,另一端同刹车动作筒相连。开始刹车时,动作筒将弯块压向与固接在轮体上的刹车套。刹车传动装置停止作用后,在恢复弹簧的作用下,刹车弯块离开刹车套回到初始位置。

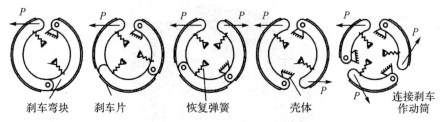

图 8-21 不同形式的弯块刹车

弯块式刹车有以下缺点:①不能覆盖360°;②必须仔细调节刹车弯块与刹车套之间的间隙;③弯块的磨损不均匀。但因其结构简单、重量轻,可以用于轻型低速无人机上。

2.软管式刹车装置

软管式刹车也叫胶囊式刹车,它是由刹车盘、环形制动软管和刹车块等组成,如图8-22所示。在与轮轴相连的铸造刹车盘上,通过螺钉固定了两个压制的圆盘,形成刹车装置的环箍,其上是橡胶的环形刹车软管,软管表面上是刹车块。刹车块也是由钢骨架加强的塑胶制造的。

当向橡胶软管中加液压油或压缩空气时,软管鼓起,使其上的刹车块压紧刹车套,相互之间发生摩擦,就实现了刹车。当压力释放时,在恢复板簧(板簧的两端连在盘的侧边并穿过刹车块上的槽沟)的作用下从刹车套松开,机轮放开。

软管式刹车的优点是:结构和制造简单;刹车块与刹车套接触面大(几乎360°);制动平稳;沿刹车套表面压力均匀,因此刹车块的磨损也均匀;结构重量轻。它的缺点是:软管可能会因为温度过高而损坏,导致刹车失灵。由于刹车块的磨损会增加刹车的时间,当刹车块有磨损时软管不能调节刹车块与刹车套之间的间隙,间隙的增加导致需要更大的液压,从而增加了刹车块压向刹车套的时间。

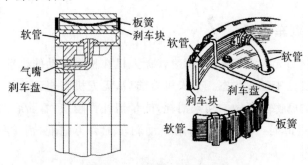

图 8-22 软管式刹车装置

3. 盘式刹车装置

盘式刹车装置由承压盘、压紧盘、静动盘片、刹车作动筒等组成,如图 8-23 所示。在刹车装置壳体的槽中装有静片,而在静片之间是动片,它们装在轮毂的槽中。动片和静片均由钢、铸铁或金属陶瓷制造。

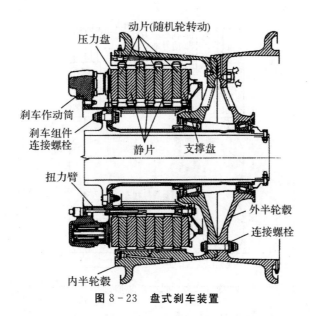

图 8-23　盘式刹车装置

当通过液压或气压向气缸中输送液体时,活塞移动,压紧压盘,而压盘又压向动静盘,引起机轮制动。压力释放后,在恢复弹簧的作用下,活塞回到原来的位置,机轮松开。盘式刹车装置中有自动调节间隙机构,摩擦板磨损后,它能自动保持动盘与静盘之间的固定间隙,确保固定的活塞工作行程。

同其他刹车形式相比,在同样能量和效率下,盘式刹车装置的外形尺寸最小,因此就更容易安装在机轮上。它的优点是工作平稳,由于从刹车盘到轮毂的热传递接触面积较小,当刹车产生热量时轮胎破坏的可能性也较小。其缺点是重量大,冷却速度慢。

图 8-24 所示为典型无人机采用的刹车系统原理图。该刹车系统为封闭式自供压系统,为机轮刹车提供液压动力。刹车系统由比例式电控刹车阀及控制器、盘式刹车机轮及刹车软管等组成。刹车系统由两套相同的刹车阀分别向左、右主起落架上的刹车盘提供压力,可实现动刹车、静刹车及差动刹车。

刹车控制器接收飞控系统的控制信号后,控制器通过比较接收的控制信号对应的输出压力值(输入占空比 0～100%的控制信号分别对应不同的输出压力)与实际的输出压力值差异,控制电机的正转、反转或停转,使作用在刹车盘上的刹车压力同输入信号占空比线性对应。

当控制信号占空比为 0 时,刹车系统两边的控制器不工作,输出压力为零,刹车装置处于松刹车状态;当控制信号占空比从 0 增大到 100%时,控制器输出压力逐渐增大到最大,实现刹车系统对机轮刹车;当控制信号占空比从 100% 减小到 0 时,刹车系统刹车压力逐渐减小,实现机轮的松刹车;当飞控系统向控制器输出不同的控制信号时,刹车系统两边输出不同刹车压力,实现无人机的差动刹车和纠偏;当飞控系统给产品输出 100% 的控制信号时,刹车系统两边输出相同的刹车压力,实现无人机的停机刹车。

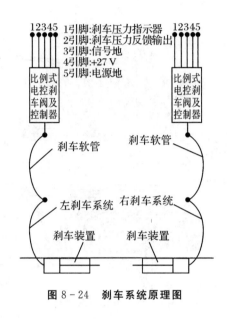

图 8-24　刹车系统原理图

任务 8.5　前轮转弯系统

▶任务描述

　　为了方便在地面运动时进行方向控制,起落架为前三点配置的无人机多数都设有前轮转弯系统。为了实现前轮转弯的目的,前起落架在结构上进行了专门设计。在小型无人机上,通常将整个减震支柱安装在一个"Y"形套筒内,并通过套筒两侧的耳轴与无人机结构铰接。该铰链轴可作为起落架收放转轴。减震支柱可在套筒内转动,带动机轮左右偏转,但不能沿轴向上下移动。如果在支柱上连接传动机构,就可实现对前轮左右偏转的控制,达到控制前轮转弯的目的。某些小型无人机在前起落架或尾轮结构中设有无操纵转弯机构,在利用主轮单边刹车转弯时,地面摩擦力使前轮或尾轮偏转,辅助无人机地面转弯。

　　同时,前起落架减震支柱及前轮能够左右偏转也带来了许多问题,如方向稳定性变差、前轮偏置和前轮摆振等。因此在设计上必须考虑既要实现前轮转弯,又要尽量避免所带来的这些问题。

▶学习目标

　　(1)了解前轮定中机构的结构特点及作用;

　　(2)理解前轮摆振的机理,掌握减摆器的工作原理;

(3)熟悉前轮转弯作动机构的结构组成及功用。

▶任务学习

知识点 8.13：前轮定中机构

前轮定中机构的功用是无人机起飞离地后，自动将前起落架机轮定在中立位，便于收进轮舱。如果没有定中机构，那么前轮可能处于偏置状态，这时收上起落架可能使前轮舱及相关机件损坏。无人机着陆前放下起落架时，定中机构使前轮处于中立位，便于无人机正常接地。无人机上采用的前轮定中机构主要有内部定中机构和外部定中机构两种类型。

1. 内部定中机构

前轮内部定中机构常应用于较大型的无人机上。它利用无人机升空后减震支柱完全伸张状态，由减震支柱内一对凸轮啮合定中，如图 8-25 所示。支柱活塞（内筒）的下部和外筒底部端盖的上部分别做成可啮合的上、下凸轮。当活塞向下（即支柱伸张）移动时，上、下凸轮在支柱内部空气压力和机轮重力的双重作用下，被迫进入啮合。当两凸轮完全啮合时，正好将前轮定在中立位。

2. 外部定中机构

许多小型无人机的前轮采用外部定中机构。图 8-26 所示为一种很典型的滑轮与滑轨组合机构。该定中机构由定中控制杆、定中滑轮、蝶形滑轨和拉伸弹簧组成。定中滑轮安装在控制杆中部的滑轮托架上，拉伸弹簧则连接在控制杆的左端。

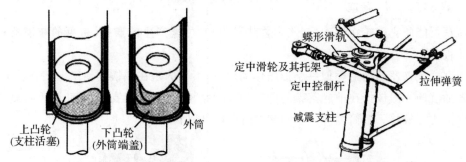

图 8-25　前轮内部定中机构　　图 8-26　前轮外部定中机构泵

无人机起飞离地后，因前轮失去地面摩擦力的制约，减震支柱可自由偏转。这时，拉伸弹簧拉动定中控制杆绕其右端铰链向后转动。控制杆向后压滑轮，迫使它沿着蝶形滑轨滑动。当滑轮滑到滑轨凹入部分的最底部时，滑轮不再滑动，并由拉伸弹簧通过控制杆保持在这个位置。而这个位置正好将前轮定中。在这个定中机构中，拉伸弹簧的弹力仅限于在空中将前轮自动定中，而当无人机在地面需要操纵前轮转弯时，操控系统的力足以克服弹簧的定中力，从而实现转弯控制。

知识点 8.14：减摆器

1. 前轮摆振机理

当前起落架没有采取合适的减摆措施时，前轮可能会出现摆振，即无人机在地面滑跑到一定速度时,能自由偏转的前轮可能会出现一种剧烈的偏摆振动。此时,机轮和支柱的弹性振动和轮面的转动交互在一起,使前轮运动呈连续的"S"形,同时机头猛烈摇晃,振动会越来越厉害,直至前机轮损坏,这种振动现象称为前轮摆振,如图8-27所示。

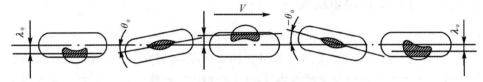

图8-27　起落架变形与摆振运动情况

产生前轮摆振的原因在于,机轮(带支柱)是一个弹性体,在偶然受到外力干扰下(如地面不平、侧风、操纵不当等)使机轮偏离前进轴线一个距离λ,这时轮面倾斜,前轮接地部分的形状变为非对称的弯腰形,同时受到了弹性恢复力的作用。当无人机继续前进时,机轮将一边偏转(增大θ)一边向前进轴线靠近(减小λ)。当滚过前进轴线($\lambda=0,\theta=\theta_0$)时,由于惯性继续往前滚。这时,又出现了$\lambda$,并不断增大,但同时又出现了弹性恢复力,轮胎接地部分又变成弯腰形,这样就使得λ反向增大到$-\lambda$后又开始减小。同时θ从θ_0减小到0后又开始反向偏转。以后如此反复进行,这样就形成了周期性的摆振。当然,在一般情况下(速度较小时),激振的能量小于阻尼能量(即阻止起落架支柱、机轮等产生位移、变形的力所产生的能量),摆振将不会发生。但当滑跑速度超过某一值(称为摆振临界速度V_{cr})时,激振的能量大于阻尼能量,就会发生摆振,并自发激振,越振越烈,λ_{max}和θ_{max}越来越大,直到破坏。

2. 减摆器工作原理

减摆器能防止前轮在运动(起飞和着陆滑跑)时可能产生的摆振,常见的减摆器有活塞式和旋板式。

活塞式减摆器的构造类似一个液压作动筒,所不同的是在减摆器活塞上钻有若干小孔,减摆器的缸筒一般铰接在前起落架的固定(静止)结构上,如减震支柱套筒;活塞杆则与可左右偏转的支柱铰接。缸筒内充满了油液,如图8-28所示。

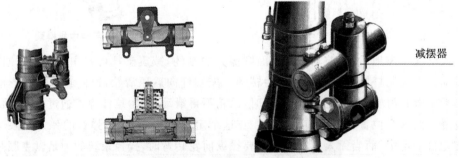

减摆器

图8-28　减摆器及其安装位置

活塞式减震器由外壳、带活塞杆的活塞构成,活塞将外壳分成两个工作腔,腔内充满工质液体,如图8-29所示。工作腔由穿透的定油孔连通。带有活塞杆的活塞在壳体内运动,将工作腔内的液体通过定油孔从一个腔压入另一个腔,在这个过程中需要克服很大的液体阻力。当前轮左右偏转时,减震支柱外筒通过一个连杆迫使减摆器活塞杆左右移动,亦即减摆器的活塞要在缸筒内左右移动。因为活塞上开有小孔,所以活塞左右移动必然迫使油液来回流过小孔,产生液压阻尼。操纵前轮转弯时,因为前轮偏转速度较慢,活塞移动速度也较慢,油液流过小孔时产生的阻尼很小,不妨碍前轮转弯操纵。发生摆振时,因为前轮左右高频率振荡,活塞左右移动的速度很快,所以油液流过小孔时产生很大的摩擦阻尼,阻止机轮的高速偏摆,同时因油液与小孔摩擦产生大量的热,也就是将摆振的能量转换为热量,并通过减摆器筒壁散失掉,从而有效地减弱或消除摆振。旋板式减摆器的尺寸较大,但减摆能力强,常装在高速、大型无人机上,如图 8-30 所示。

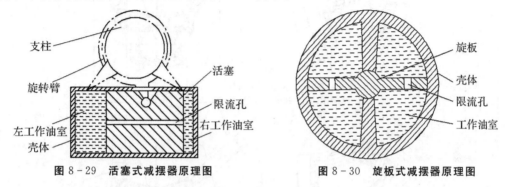

图 8-29　活塞式减摆器原理图　　　　图 8-30　旋板式减摆器原理图

此外还有免维护的橡胶减摆器,这种减摆器中没有液压油,只依靠橡胶活塞与减摆器缸筒的摩擦来耗散摆振能量,损坏后可直接更换。

知识点 8.15:前轮转弯作动机构

大型无人机前轮转弯是由液压作动筒驱动的。图 8-31 所示为典型前轮转弯作动机构,在上、下安装板之间有一个转弯环(或转弯衬套),转弯环可相对于起落架支柱外筒转动,安装板固定于缓冲支柱的外筒上。上防扭臂的上端铰接到转弯环上,而下防扭臂的下端铰接到支柱内筒(轮轴)上,同时上防扭臂又与下防扭臂铰接。在上、下安装板内侧安装有前轮转弯作动筒,作动筒的外筒铰接到安装板结构上,活塞杆铰接到转弯环上。

当转弯作动筒的活塞杆推动转弯环转动时,转弯环通过上、下防扭臂带动缓冲支柱内筒转动,从而带动前轮转动。

前轮转弯动力的传递路径是:缓冲支柱外筒→转弯动作筒活塞杆→转弯环→上防扭臂→下防扭臂→缓冲支柱内筒→前轮。

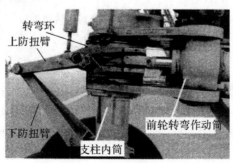

图 8-31　前轮转弯作动机构

有些大型无人机采用两个前轮转弯作动筒,在小角度的范围内采用推拉的作动方式,即在作动前轮转弯时,一个作动筒推,而另一个作动筒拉动转弯环转动,从而带动前轮转弯。图8-32所示为典型双作动筒前轮转弯机构。在小角度范围内,A作动筒推,B作动筒拉,带动转弯。

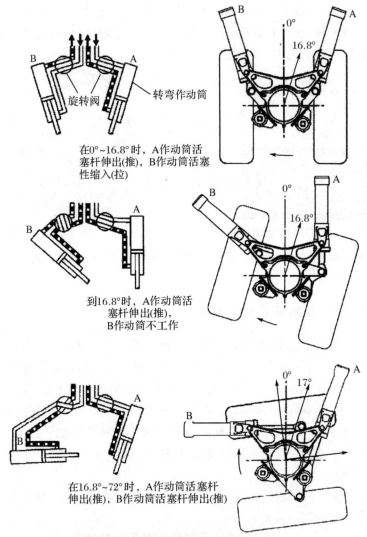

图8-32 典型双作动筒前轮转弯机构

知识点8.16:无操纵转弯机构

一些无人机的前起落架没有转弯操纵机构,它们在地面运动时,只能依靠主轮单边刹车来实现转弯。为了减小转弯半径,实现灵活转弯,同时消除因前轮或尾轮的地面摩擦力而产生的方向不稳定力矩,在这类无人机的前起落架上设置了无操纵转弯机构。

图8-33所示为两种典型的前轮无操纵转弯机构。在支柱套筒式前起落减震支柱外筒的下端装设有一个旋转套筒,扭力臂的上、下臂分别与旋转套筒和轮叉铰接。当操纵主轮单

边刹车转弯时,地面对前轮的摩擦力侧向分量对支柱轴线形成偏转力矩,迫使前轮偏转,即支柱内筒相对外筒转动,并通过轮叉、扭力臂带动旋转套筒转动。前轮偏转的角度由固定在支柱外筒和旋转套筒上的限动块限定。

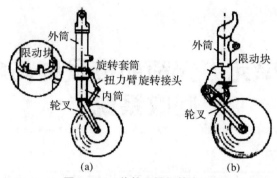

图 8 - 33　前轮无操纵转弯机构

前起落架如果是摇臂式结构,那么在支柱外筒下端部装设旋转臂。轮叉(摇臂)上部与旋转臂铰接,并通过旋转接头与支柱内筒连接。当操纵主轮单边刹车转弯时,由于前轮具有稳定距,所以地面摩擦力会对支柱轴线形成偏转力矩,迫使前轮偏转,并通过轮叉带动旋转臂转动。前轮偏转的角度同样由限动块限定。

单 元 小 结

本单元介绍了大、中型无人机常用的起落架系统构成及收放方式,在理解掌握起落架减震支柱、收放系统、机轮刹车装置及前轮转弯等主要部件结构组成和工作机理的基础上,学会分析起落架收放异常等典型故障。

单 元 作 业 题

1.简述起落架的组成及功用。

2.前轮摆振的产生机理为何？如何消除？

3.采用起落架的无人机有哪些刹车方式？

4.描述收放作动筒的结构组成和工作机理。

5.起落架的液压收放系统有哪种形式？各自如何工作？

6.试分析当无人机降落过程中起落架无法放下可能的原因。

第 9 单元　火箭助推发射与伞降回收系统

中小型无人机系统在没有跑道、野战情况下使用时,常采用火箭助推零长发射的起飞方式,采用伞降回收与滑降回收相结合的回收方式。其发射系统包括发射车、机载发射装置以及助推火箭系统等三部分;回收系统包括安装在机身上的回收部件、回收伞系统和回收执行机构等三部分。本单元将重点介绍机载发射装置、助推火箭系统和回收系统的组成结构、工作原理等。

任务 9.1　火箭助推发射系统

▶ 任务描述

发射系统是保证无人机可靠起飞的设备系统,其功能是将无人机的飞行速度从 0 加速到规定的最小空速、高度从 0 上升到安全高度(大于 200 m)。采用火箭助推零长发射的发射系统由发射架、机载发射装置、助推火箭系统等三大部分组成,如图 9-1 所示。

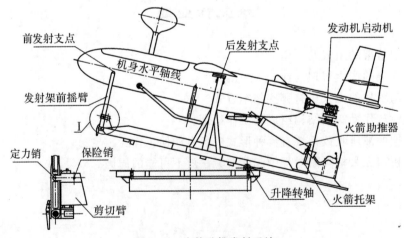

图 9-1　火箭助推发射系统

▶ 学习目标

(1)熟悉火箭助推发射系统的结构组成及功能作用;

（2）掌握火箭助推发射系统的工作过程。

▶任务学习

知识点 9.1：机载发射装置

机载发射装置即安装在机身上的发射装置，主要包括前发射支点、后发射支点、导向接头和助推火箭支座。火箭助推器锥座位，既是火箭推力的承力部位，又是确定火箭推力线的基准部件。机载发射装置的主要作用：①提供无人机发射的支撑点；②保证火箭推力线的准确；③确保火箭燃烧结束后火箭助推器能够可靠地脱落。

1. 导向接头

（1）组成结构。导向接头是火箭脱离的专用机构，安装在机身下表面，其结构如图 9-2 所示，其安装结构如图 9-3 所示。

导向接头由摇臂接头、T 形摇臂、销轴、衬套和弹簧等组成。T 形摇臂与摇臂接头连接的一端设计有限位凸起，使 T 形摇臂在摇臂接头中的旋转为 90°左右；弹簧的作用是收起 T 型摇臂，不安装火箭助推器时使 T 形摇臂紧贴于机腹之下。平时在弹簧的作用下 T 形摇臂收在机腹之下，安装火箭助推器时 T 形摇臂可向无人机尾部旋转 90°左右。

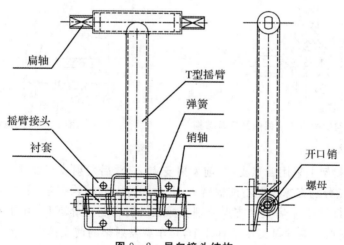

图 9-2　导向接头结构

由图 9-3 可见，脱落架是导向接头和火箭助推器连接部件，脱落架通过缓冲销与火箭助推器相连，通过前叉与导向接头相连。导向接头脱落架之间为可脱落连接，其安装结构如图 9-4 所示。

（2）工作原理。火箭工作结束后，火箭助推器在其自身重量的作用下，绕图 9-4 所示铰链点向前下方摆转；当脱落架摆转到接近竖直位置时，火箭助推器和脱落架一起脱离导向接头，火箭脱落。火箭向导向接头的前下方摆转限制了火箭向无人机尾部运动，避免了火箭助推器与螺旋桨碰撞。火箭脱落后在弹簧力的作用下导向接头的 T 形摇臂被收到机腹之下。

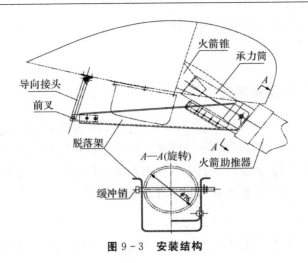

图 9 - 3　安装结构

2. 火箭锥座

火箭助推器锥座简称火箭锥座,如图 9 - 5 所示。

火箭锥座安装在机身下部,其安装结构可参阅图 9 - 3。火箭锥座既是火箭推力的承力部位,又是确定火箭推力线的基准部件。因此,火箭锥座的加工、安装精度要求都很高。

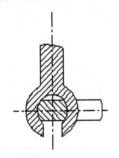

图 9 - 4　导向接头与脱落架前叉安装结构

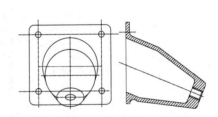

图 9 - 5　火箭锥座结构

3. 发射支点

无人机在发射架上采用四点支撑,前发射支点 2 个、后发射支点 2 个,其位置可参阅图 9 - 1。2 个前支点分别支撑在左右前摇臂上,并由摇臂上的锁钩锁定,前摇臂向前旋转一定角度后锁钩自动打开;2 个后发射支点分别支撑在发射架左右滑轨上,由滑轨盖板盖住。

(1)前发射支点。前发射支点共有 2 个,是车载发射架的前支撑点。前发射支点主要由前支点轴、加强梁、垫板等组成,其中前支点轴结构如图 9 - 6 所示。

(2)后发射支点。后发射支点也有 2 个,是车载发射架的后支撑点,安装在无人机中翼上。后发射支点结构如图 9 - 7 所示。

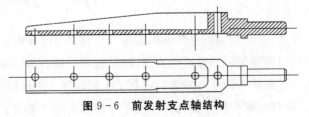

图 9 - 6　前发射支点轴结构

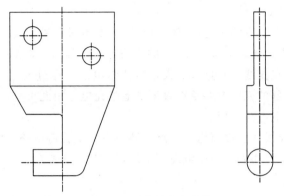

图 9 - 7   后发射支点结构

知识点 9.2:助推火箭系统

1.火箭助推器

火箭助推器简称火箭。无人机在发射车上依靠火箭助推器的推动实现零长发射起飞的。火箭助推器的作用是在较短的时间内提供一个大而稳定的推力将无人机推到一定的高度,并使其达到安全速度后,自动与无人机脱离坠地,然后无人机在螺旋桨的作用下继续飞行。

(1)组成结构。火箭助推器由承力筒、顶盖、前支架、点火药盒、药柱、燃烧室、挡药板、喷管座、压螺和喷管等组成,如图 9 - 8 所示。

(2)功能与作用。火箭助推器是一种以固体推进剂为燃料的火箭发动机,燃料做成空心圆柱状,称为药柱。在火箭发动机尾端装有一个先收敛后扩散的喷管。装在燃烧室内的药柱被点火药盒点燃后有规律地按平行层燃烧,产生大量的高温、高压燃气。燃气进入喷管后逐渐加速,在收敛段与扩张段的转接部位(称为喷管喉部)时为声速,进入扩散段后燃气变为超声速流动,并继续膨胀加速,最后以很高的速度喷出。

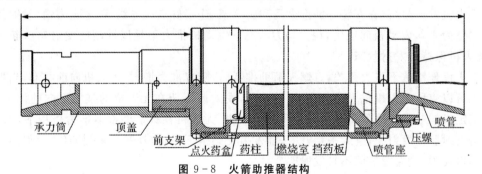

图 9 - 8   火箭助推器结构

2.点火装置

火箭助推器的点火装置由点火导线和点火器两部分组成。

(1)点火导线。点火导线为双绞线,两端 4 个端头上均焊有焊片,一端 2 个焊片用于连接发射车接线柱(即连接点火药盒);另一端 2 个焊片用于连接点火器上的接线柱(见图 9 -

9 中的"点火线连接柱")。

（2）点火器。点火器具有测量电阻、测量电压、火箭点火等基本功能,同时还具有防止误点火和自充电功能。点火器能够提供 10 V 的火箭点火电压,能够测量点火药盒电阻、连同导线在内的点火药盒（点火线路）电阻、点火蓄电池组电压。通过设置双按键点火防止误点火,通过充电电缆和内部的充电电路给点火蓄电池组充电。由此可见,点火器由点火控制电路、测量电路和电池充电电路构成。

点火装置由点火导线和点火器组成。点火器由点火电控制电路、电池充电电路、点火蓄电池组、操作面板、数字万用表和充电电缆等组成,如图 9-9 所示。

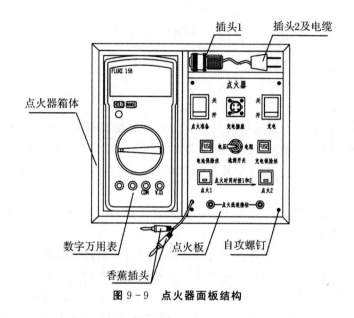

图 9-9 点火器面板结构

知识点 9.3:火箭助推发射工作过程

无人机发射时,首先安装好助推火箭和脱落架,连接好点火导线,装上定力销,发射架俯仰角调整为 13°,发动机起动后,在大马力状态下发动机推力不足以推动前发射架剪断定力销,无人机保持待发射状态。

点火操作手按下点火开关,点燃火箭助推器后,随着推力增大,无人机向前移动,当推力增大到可以克服无人机重力时,定力销被剪断,发射前支架在无人机的推力下向前倒下,前支架锁定机构与后支撑限位滑块同时释放无人机,无人机在火箭助推器推力作用下,以 13° 俯仰角发射脱离发射架,继续平稳升空;前发射支架倒下后,由扎簧锁紧缓冲件,使得前发射支架不再反弹,确保螺旋桨不打发射架。

此时火箭助推器中的药柱持续燃烧,产生的推力,沿机身轴线的分量与发动机的推力一同推动持续加速,同时火箭助推器推力沿竖直方向的分量与机翼升力一同克服重力,不断提升无人机高度;火箭助推器点燃大约 1.6 s 后,火箭药柱燃烧完毕,此时无人机已经达到一定飞行高度和速度,火箭助推器和脱落架在导向接头的作用下,在机身下部一起向前摆动,脱离无人机,由发动机推动无人机向前飞行,完成无人机的发射。

任务 9.2　伞降回收系统

▶任务描述

回收系统是保证无人机系统安全降落的设备系统,在飞行控制系统的控制下实现的开伞、切伞、抛伞等一系列回收动作;同时回收系统在无人机下滑或着地时,可以减震缓冲或滑行。无人机采用伞降回收系统具有安全性高、不需要专用场地等优点,其缺点是对气象条件要求较高。采用伞降回收与滑降回收相结合的回收系统包括安装在机身上的回收部件、回收伞系统和回收执行机构等三部分,如图 9-10 所示。

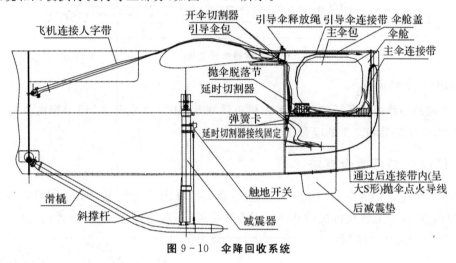

图 9-10　伞降回收系统

▶学习目标

(1)熟悉伞降回收系统的结构组成及功能作用;
(2)掌握伞降回收系统的工作过程。

▶任务学习

知识点 9.4:机身回收部件

安装在机身上的回收部件简称机身回收部件,包括主伞下前连接带挂点、主伞下后连接带挂点、滑撬减震器组件、回收控制电路以及后减震垫等;图 9-10 中标注的滑撬、斜撑杆、减震器组件等为滑撬减震器组件的零部件;图 9-10 中标注的延时切割器导线、抛伞点火导线等属于回收控制电路。

1.主伞下连接带挂点

无人机机身上设计有 3 个主伞下连接带挂点,即前挂点 2 个、后挂点 1 个。下连接带前、后挂点连接无人机与降落伞,承受无人机回收的冲击和拉力。主伞下前、后连接带前后挂点连接前、后下连接带,前、后下连接带汇在一起后连接抛伞脱落节、上连接带和主降落伞,实现无人机与降落伞的连接。

2.减震装置

着陆减震装置包括滑撬减震器组件和后减震垫。

滑撬减震器组件由滑撬、斜撑杆、减震器等组成,安装在无人机前下方,减震器多为油气结构的减震器,如图9-11所示;其作用是承受无人机着陆时冲击,吸收无人机着陆动能,对无人机起缓冲作用,保护无人机机体和机载设备;应急情况下(伞降回收系统故障)还可使用滑撬减震器组件进行滑降回收。后减震垫为易损部件,其作用是减缓无人机尾部触地的力量,保护机身后部和尾撑。

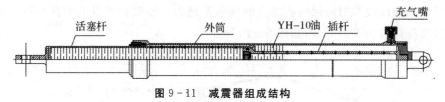

图 9-11 减震器组成结构

3.回收控制电路

回收控制电路由机载计算机和无人机电缆组成,主要产生开伞、切伞和抛伞的控制信号,提供引爆切割器和火头的能量(功率电信号)。

知识点 9.5:回收伞系统

回收伞系统主要由主伞、引导伞、伞包、主伞连接带、引导伞连接带、上连接带、脱落接头(也称脱落节,属于回收执行机构部件)、下前连接带、下后连接带、抛伞装置、封包线和插销拉绳等组成,如图9-12所示。

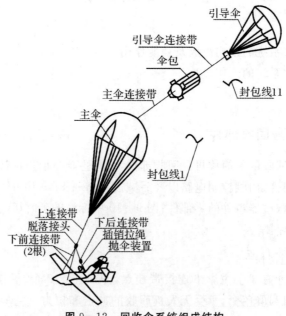

图 9-12 回收伞系统组成结构

由图9-12可见,引导伞连接带连接引导伞和伞包,主伞连接带连接伞包和主伞,上连接带连接主伞和脱落接头,下连接带连接脱落接头和无人机机体,构成一个完整的伞降回收系统。图 9-12 所示的抛伞装置即伞舱盖,封包线 1 是主伞伞包的封口线,封包线 11 是引导伞的封口线;插销拉绳安装在无人机机体上,用于固定封包线 Ⅱ,即封住引导伞伞包。

知识点 9.6:回收执行机构

回收执行机构主要包括伞舱盖、开伞切割器、开伞绳、切伞切割器、切伞绳、抛伞火头(也称电爆火头,简称火头)、脱落节、触地开关、伞舱盖以及伞舱盖支撑等部件,开伞延时抛伞装置如图 9-13 所示。

1.切割器与电爆火头

开伞切割器切断开伞绳实现开伞控制;切伞切割器切断切伞绳实现切伞控制;无人机着陆时触地开关闭合引爆抛伞火头,抛伞火头炸开脱落节实现抛伞控制。

2.触地开关

触地开关组件是抛伞电路的控制开关,安装在滑撬减震器上,是抛伞动作的核心部件。触地开关组件由钢索、弹簧、顶杆、微动开关等组成,无人机着地时减震器受到压缩,钢索松弛,微动开关自动闭合,接通抛伞电路,引爆脱落节中的火头,脱落节被炸开,降落伞与无人机分离。

3.脱落节

脱落节也称脱落接头,用于连接上下连接带,如图 9-12 所示,无人机落地前承受无人机回收时的冲击拉力和无人机的自身重量;无人机落地时应可靠地断开上下连接带,将降落伞与无人机分离。因此,脱落节是回收系统的关键部件,其工作可靠性直接影响无人机的安全回收。无人机着陆时触地开关闭合,接通抛伞电路,点燃脱落节中的电爆火头;火头炸开脱落节,实现抛伞动作。

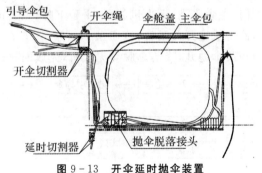

图 9-13　开伞延时抛伞装置

4.伞舱盖及其支撑

伞舱盖既是伞舱的封口口盖又是引导伞的安装部件,还是开伞的执行机构,其安装结构如图 9-14 所示。

开伞时开伞切割器切断开伞绳,开伞时伞舱盖在空气动力的作用下向后打开,同时甩出引导伞。伞舱盖支撑是限制伞舱盖打开的角度,防止伞舱盖打开角度过大而碰坏螺旋桨。

伞舱盖用铰链安装在无人机机体上,可绕无人机隔框旋转;伞舱盖内侧安装有引导伞包,用于安装引导伞;伞舱盖上设计有固定孔穿过开伞绳后可固定伞舱盖、封住伞舱。开伞时开伞绳被切断,伞舱盖在气动力的作用下迅速打开、甩出引导伞,实现开伞控制,因此伞舱盖也开伞执行机构部件。

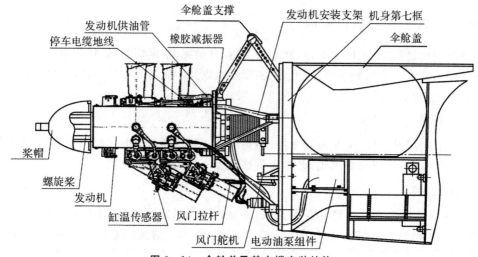

图 9-14　伞舱盖及其支撑安装结构

知识点 9.7:伞降回收操作过程

回收系统的操作过程如图 9-15 所示。当无人机完成飞行任务,返回回收点时,地面控制站发出停车指令,无人机发动机停车,停车指令发出 10~15 s 以后,地面控制站发送开伞指令,开伞切割器工作,将开伞绳切断,伞舱盖在空气负压的作用下向后打开,引导伞被抛到无人机平尾之后;引导伞打开并张满,将主伞伞包从伞舱里拉出,主伞打开并张满向后拉无人机,无人机进一步减速;7 s 后机载计算机自动发出切伞信号,切伞切割器工作,将切伞绳切断,主伞带变为竖直方向,主伞张满,无人机放平、平稳下降;无人机着陆触地瞬间,滑撬上的减震器受到冲击压迫,使得触地开关闭合,接通抛伞回路,安装在脱落节中的电爆火头触发爆炸,将机身主伞带与降落伞抛开,降落伞脱离无人机,完成回收过程。

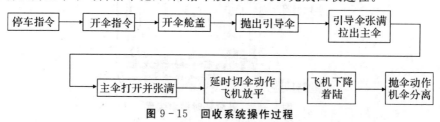

图 9-15　回收系统操作过程

单 元 小 结

本单元介绍了中小型无人机常用的火箭助推发射和伞降回收系统的组成及工作过程,在理解掌握火箭助推发射和伞降回收系统主要部件结构组成和工作机理的基础上,学会分析发射与回收过程中的典型故障。

单元作业题

1. 简述火箭助推发射系统的组成与功能。
2. 简述无人机火箭助推发射的过程。
3. 滑撬减震器组件的作用是什么？简述其组成结构和工作原理。
4. 脱落节的作用是什么？简述其组成结构和工作原理。
5. 简述无人机伞降回收的动作和过程。

参 考 文 献

[1] 宋静波. 无人机构造基础[M]. 2版. 北京:航空工业出版社,2011.

[2] 董彦非. 通用航空发动机原理与构造[M]. 北京:北京航空航天大学出版社,2018.

[3] 杨华保. 飞机原理与构造[M]. 西安:西北工业大学出版社,2011.

[4] 黄燕晓,瞿红春. 航空发动机原理与构造[M]. 北京:航空工业出版社,2015.

[5] 郝劲松,刘峰. 活塞发动机无人机结构与系统[M]. 2版. 北京:清华大学出版社,2015.

[6] 李杰,赵绪明. 舰载无人机[M]. 北京:解放军出版社,2011.

[7] 路陆祥. 直升机结构与设计[M]. 北京:航空工业出版社,2009.

[8] 陈康,刘建新. 直升机结构与系统[M]. 北京:清华大学出版社,2016.

[9] 陈廷楠. 无人机飞行性能品质与控制[M]. 北京:国防工业出版社,2007.

[10] 贾忠湖. 飞行原理基础[M]. 北京:国防工业出版社,2016.

[11] 远洋航空教材编写委员会. 无人机技术导论[M]. 北京:北京航空航天大学出版社,2019.

[12] 杨威,杜军. 无人机气动布局设计与飞行性能品质[M]. 北京:国防工业出版社,2017.

[13] AUSIN R. 无人机系统:设计、开发与应用[M]. 陈自力,董海瑞,江涛,译. 北京:国防工业出版社,2013.

[14] 宋笔锋. 飞行器可靠性工程[M]. 西安:西北工业大学出版社,2006.

[15] FAHLSTROM P G,GLEASON T J. 无人机系统导论:第4版[M]. 郭正,王鹏,陈清阳,等译. 北京:国防工业出版社,2015.

[16] ATKINS E,OLLERO A,TSOURDOS A. 无人机系统[M]. 刘莉,李道春,等译. 北京:北京理工大学出版社,2019.